走出强迫症
[法] 弗兰克 · 拉马涅尔 著
解婷 译

疯子的自由
[法] 弗朗索瓦 · 勒洛尔 著
郑园园 译

嫉妒：一桩不可告人的心事
[法] 茱莉娅 · 西萨 著
郑园园 译

心理医生的人生故事
[法] 克里斯托夫 · 安德烈 等 著
欧瑜 译

无处不在的人格
[法] 弗朗索瓦 · 勒洛尔
克里斯托夫 · 安德烈 著
欧瑜 译

幸福生活的秘密
[法] 克里斯托夫 · 安德烈 著
蔡宏宁 译

害怕陌生人
[法] 克里斯托夫 · 安德烈
帕特里克 · 莱热隆 著
聂云梅 译

我们与生俱来的七情
[法] 弗朗索瓦 · 勒洛尔
克里斯托夫 · 安德烈 著
王资 译

你好，焦虑分子！
[法] 阿兰 · 布拉克尼耶 著
欧瑜 译

一位精神科医生的诊疗手记
[法] 弗朗索瓦 · 勒洛尔 著
郑园园 译

光尘
LUXOPUS

与哲学家谈快乐
[法] 弗雷德里克 · 勒努瓦 著
李学梅 译

神话之旅
[英] 利兹 · 格林
朱丽叶 · 沙曼-伯克 著
孙偲 译

生活之盐
[法] 弗朗索瓦丝 · 埃里捷 著
周行 译

喜悦之路
[法] 伊莎贝尔 · 菲约扎 著
曹淑娟 译

儿童自然法则
[法] 塞利娜 · 阿尔瓦雷斯 著
蔡宏宁 译

父亲与女儿
[法] 阿兰 · 布拉克尼耶 著
张之简 译

母亲与女儿
[法] 阿尔多 · 纳乌里 著
李学梅 译

母亲与儿子
[法] 阿兰 · 布拉克尼耶 著
丁玉可 译

光尘
LUXOPUS

LES LOIS NATURELLES DE L'ENFANT

儿童自然法则

CÉLINE ALVAREZ

[法] 塞利娜·阿尔瓦雷斯 著 蔡宏宁 译

生活·讀書·新知 三联书店 生活書店出版有限公司

图书在版编目（CIP）数据

儿童自然法则 / (法) 塞利娜·阿尔瓦雷斯著；蔡宏宁译. — 2版. — 北京：生活书店出版有限公司，2022.3（2022.6重印）
ISBN 978-7-80768-353-7

Ⅰ. ①儿… Ⅱ. ①塞… ②蔡… Ⅲ. ①儿童心理学－通俗读物 Ⅳ. ① B844.1-49

中国版本图书馆CIP数据核字(2022)第045503号

策划编辑 李 娟
执行策划 邓佩佩
责任编辑 程丽仙
特约编辑 李 艺
出版统筹 慕云五 马海宽
封面设计 潘振宇
封面插画 芊 祎
责任印制 孙 明
出版发行 生活書店出版有限公司
（北京市东城区美术馆东街22号）
图 字 01-2019-1757
邮 编 100010
印 刷 北京中科印刷有限公司
版 次 2022年3月北京第2版
2022年6月北京第4次印刷
开 本 787毫米 × 1092毫米 1/32 印张12.25
字 数 204千字
印 数 40,001-70,000册
定 价 58.00元
（印装查询：010-69590320；邮购查询：15718872634）

若没有安娜·比什的鼎力相助，

本书无法问世。

我们日复一日的交流，

以及她一再审读书稿的努力，

终使这项创作坚持到底。

致谢

我研读了诸多国际研究中心的杰出科学研究成果和著作，获得启发，提炼出儿童自然法则教学法的基本原理。在此，我向世界各地的研究者致以最诚挚的感谢，他们孜孜不倦地致力于传播和解释人类发展法则，让我受益匪浅。借助这些逐年明确的基础信息，我们才能在支持释放潜能的环境中得到自我发展。

尤其感谢斯坦尼斯拉斯·德阿纳（Stanislas Dehaene）在法兰西学院的精彩课程，感谢雅克·勒孔特（Jacques Lecomte）关于情感和善心的研究，感谢卡特琳·格冈博士（Dr. Catherine Gueguen）分享当今情感和社会神经学的最新知识，感谢哈佛大学儿童发展研究中心的激动人心的理论研究，感谢所有学者毫无保留地分享大量宝贵的信息。

目录

❷ 儿童习得的自然法则

❸ 热讷维耶试点班概述

2 教学辅助

加强感知力

2 用浅显易懂、循序渐进、生动形象的方式教授科学文化

3 数学

4 阅读与书写启蒙

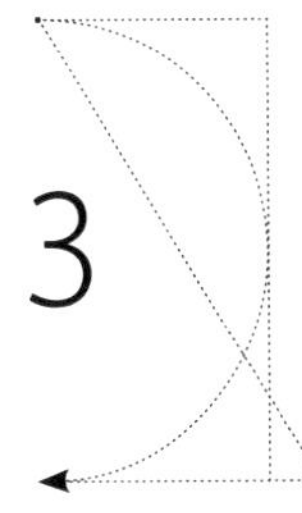

3 培养智力发展的核心基础能力

4 秘诀就是爱

1 依赖感的力量

导言

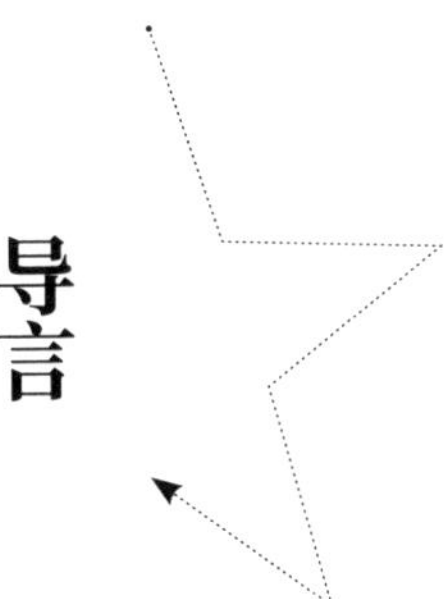

让我们从
自然法则学习法的角度，
重新思考
学校教育

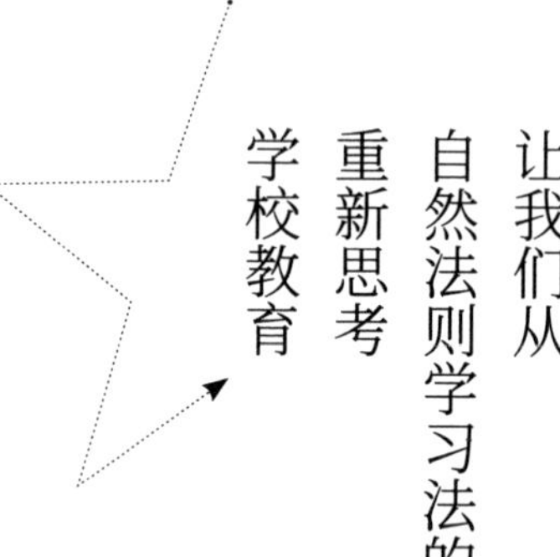

我的童年和少年时代是在巴黎郊区阿让特伊镇的穷人区度过的。每年看到教育体系扼制了无数同学的独特才华和天资禀赋，导致很多人后来学习困难重重，都令当时的我格外愤慨。尽管那时我已看到无数孩子有类似遭遇，但直到后来看到法国高等教育委员会2007年年度报告的数据，才知道实际情况远超我的预想。报告指出："每年有40%的学生，即有30万名小学生毕业成绩不及格。其中将近20万名学生阅读、写作和数学知识非常薄弱，另外10万多名学生连这几门课程的基本知识都没有掌握……毕业成绩不及格可能导致这些学生无法继续中学学业。"[1] 这一比例[2] 在2012年年度报告中再度得到验证。也就是说，每一年都有40%的小学毕业生带着岌岌可危的成绩踏入中学校门。

在我看来，这一惊人的数字主要暴露了当今教育体系并未考虑到人类习得的自然机制。我们的教学法，更多地教

---

1 法国高等教育委员会2007年年度报告。

2 25%的孩子阅读、写作和算术能力很差，15%的孩子甚至连最基本的知识点都没有掌握。

授了知识点、传统文化、道德规范，而不是或者说几乎很少教孩子掌握学习方法，同时也忽略了孩子充分发展的重要原则。这不奇怪，毕竟研究人类习得和发展的认知心理学和神经学也是近年刚发展起来。由于缺乏信息，我们犯了很多错误，校园环境和我们对孩子的要求大部分都不符合孩子自身的发展模式，却又带有偏见地认定孩子能轻松学到知识，背负压力的孩子一上课就感到痛苦，对自己失去了信心。老师虽然一心想要帮助他们，但也觉得力不从心。

我们让孩子不得不置身于一个违背他们天性的教育体系之中，令他们遭受很大痛苦。同样，教师们的工作也极其困难，天天精疲力竭，费尽心思推动那些毫无动力的学生。这种感觉就像是开车时挂挡在5挡，却又同时拉手刹。车子轰轰响，却无法前进，就算送去修理厂也无济于事，瘫痪的机器缺乏的显然是动力。只要把手刹解除，马上会感受到令人惊讶的马达威力，全程高速运行。同样道理，不适宜的教育方式往往遏制了孩子们原本强大的学习能力。他们在学习上困难重重，我们以为需要外部援助，于是带孩子去咨询专家。看到越来越多的问题学生，专家们也开始觉得力不从心。其实，只要给孩子一个合适的学习环境，他们中的大部分都能够飞速进步，而且学得轻松快乐。从学习领会、充分发展的重要法则出发，重新审视我们的教育制度，不仅仅是为了40%的困难学生。想想另外60%的学生，虽说他们成绩合格，但都得到充分发展了吗？他们幸福吗？对他们来说，校园是一个充满快乐、能够让他们充分绽放的场所吗？他们能否自由感受自信、友情、独立、积极主动？习得和发展的自然法则要求孩子体验丰富的社会生活，从中获益，如果没有结合自然法则，那么教育体系所强调的自由、平等、博爱的理念就很难让孩子接受。

我们将自己的意志强加给孩子，从幼童时期开始就是如此，同时还衡量和评判他们是否遵守我们的命令，这种教育方式如何能让孩子领会自由的精神？我们把孩子教育得服服帖帖，又如何要求他们感受自由？我们想让孩子领会平等的精神，但却把世界上最不平等的教育体系强加于他们，给他们分门别类、设立等级。国际学生评估项目（PISA）每三年评估一次国际经合组织成员国的教育状况，根据2013年12月3日《世界报》的报道，2012年国际学生评估项目指出："法国教育不公平性再创新高。本应为法国民众服务的法国院校，实则首推精英教育，却又难以帮助少数特权者真正获得成功，而且越来越难以胜任。"[1]

1 Mattea Battaglia et Aurélie Collas, «Classement Pisa : la France championne des inégalités scolaires», *Le Monde*, 3 décembre 2013.

我们执意把孩子们按三六九等分门别类，又如何教会他们领会博爱的精神？从幼儿园开始，我们就根据年纪分班，就像按照生产年份一样归类产品，孩子们无法拥有更丰富的世界，也因此失去了与年长的哥哥姐姐共处的机会，无法自觉地激发好胜心，难以培养合作精神。年龄相当的孩子相处一处，更多地是攀比和竞争，又如何能感受博爱的手足情谊？我们创造环境，培养孩子的自私自利，不用设身处地为别人着想，然后又要求他们具备博爱的情感？

我从很久之前就深深预感到，一种熟知人类发展的教育法不仅可以快速地大大降低学业失败率，而且可以不费力地激发自由、平等、博爱等可贵的精神。即便改进了课程设置、更换了先进的教学设备，如果不找到根源，依然无法解决教育的难题，而根源就在于我们的教育是用制度原则替代了孩子成长的自然法则。学校生硬地贯彻教育法，制造出各种难题之后，又再期望用改革来解决。

2009年，我决定印证我的预感。一个符合孩子学习认知自然机制的教育环境，是否可以降低孩子和教师所遭遇的教育困难？要回答这个问题，我需要一个试点班。各项研究已清楚地指出，教育的不平等从幼儿时期就已存在，所以我希望在幼儿园实践我的设想。如果选择私立幼儿园，即使成功也很有可能会被人诟病为“私立幼儿园的孩子经过挑选，家境更为优越，教育环境也与公立不同”——这种理由听起来很有说服力。于是，我决定选择位于教育力量薄弱的教育优先区（ZEP）[1]的公立幼儿园。而且，为了令研究结果更为客观准确，我希望每年进行一次科学回访追踪，每年孩子都会通过一个“校准测试”来衡量相比于标准的进步程度。如果结果正如我预料，那么再也没有理由无视显而易见的事实。

我的设想最终证明是有用的：试点班第一年的结果就已让人惊讶。要不是有客观的测试结果为证，恐怕很少有人相信，至少对那些不接触儿童的人来说简直无法相信。孩子们的认知能力和社交能力飞速进步，而且有目共睹。当我们无视孩子的学习认知机制时，我们也就忽视并埋没了他们强大而深厚的本能潜质。人类潜能在发展过程中总是不断被不合适的环境所压制，能力发挥的“最低值”最终被当作是常规值，而我们也接受了这种状态。然而，热讷维耶地区的孩子们让我们看到，他们的能量远远超出我们的预想，甚至超越了我们所能想象的最高水平。

为了实践我的设想，我必须踏足教育领域，并通过教师

1 1982年，法国为提高教育力量薄弱地区学生的学习成功率和就业率，颁布了“教育优先区”的政策，通过制定教育优先区标准、划分教育优先区、创建优先区网络等措施，实现法国基础教育的稳步发展。——译者注

资格考试。2009年我完成考试。人们经常问我“如何能够在如此短的时间内获得教育部的全权委托，筹集巨额资金，而且每年进行一次科学回访追踪”，我的回答很简单：因为没有任何事情可以阻拦我，任何人都无法让我放弃目标。人类潜质被如此埋没，已经令人极其愤怒，无比悲伤，不管我面临什么困难，我都会全力以赴，各个击破。不论是资金、人力、法规或是冗长烦琐的行政审批，总有办法解决。生命的机缘巧合也是一种珍贵的帮助，一旦遇到天时地利人和，我都会毫不犹豫地抓住机遇。而且，我无所顾虑，我没有什么可失去的，不需要保护什么，我就是来验证我的想法，所以，我无须思前想后，直接请求了更高级别的政府支持。

教育部全权委托授权于热纳维耶市进行试点

取得教师资格证两年之后，我获得了国家教育部的支持，全权委托我从2011年9月开始在热纳维耶市的一所教育优先区幼儿园进行历时三年的试点。国家教育部允许并鼓励我进行试点，并由专家对孩子们的进步情况进行测评。

试点从25个三到四岁的孩子开始（幼儿园小班和中班）。用的教材大部分基于塞甘博士和蒙台梭利博士的教育理念。我可以重新布置教室，让孩子们自由活动。我把玩具和教具放在孩子够得着的地方，他们可以自己取放。我挪走了不少桌子，铺上小地毯，作为活动空间。孩子们自己做主怎么玩——可以独自一人玩，也可以和小伙伴一起玩；可以和小伙伴自由交换玩具，喜欢的游戏想玩几次就玩几次。从上午8点到下午4点，整个课堂就这样交给孩子们自己来主导，除了午餐和每日固定的集体活动会打断他们。当然也有课间休息，但不固定，根据孩子的需求现场安排，休息时长也随时调整。

我由衷感激凡尔赛学区教育局，允许我在试点阶段自由挑选班级老师。于是，安娜·比什（Anna Bisch）担任了助教兼生活老师，她的这个岗位帮我更好地适应了这种基于孩子为主导的课堂模式。她帮助我设立了更广义的岗位职能，偏向教育，而非仅仅辅助生活起居。除了所有这些条件，我还需要得到我的“圣杯”，才能让试点经验得到顺利推广，也就是说，我需要一纸审批公文，证明这个班级为试点班，解析何为试点，并要求教育部长支持试点三年，同时不受教育部人事更迭的影响（避免继任者不再支持前任推行的项目）。虽然这只是一份基础文件，而我又有着不达目的不罢休的作风，但这份文件的获取仍是历尽波折，一纸难求。到了2011年9月，试点班已经开班，我依然没有得到任何审批文件。

教育传统

首先，我要明确指出，我的研究基于儿童习得的自然机制体系，虽然听起来像是一种创新观念，其实是受18世纪的法国精神病医生让·伊塔尔[1]的启发。后来，伊塔尔的学生爱德华·塞甘将研究成果进一步深化。随后，玛利亚·蒙台梭利多次在研讨会中指出，她重拾塞甘留下的教材，结合德国实验心理学的成果加以发展。这三位来自三个不同年代的心理医生，根据自身经验和当代科学发展新论，将前人的研究不断丰富和推进。1907年，玛利亚·蒙台梭利创办“儿童之家”，招收了40多个三岁到六岁的儿童，将生活和教学相结合，核心教学原则是让儿童在成人陪伴下获得引导性的自由发展。玛利亚·蒙台梭利医生的研究吸收了前人的多项成果，如今也得到教育科学研究的大力推广。

不过，玛利亚·蒙台梭利并没有把自己的研究模式化、固定化，而是希望随着人类知识的发展得到不断完善和改进，就像她吸收前人研究成果那样。她认为她的科学研究将有助于人类潜能的完全释放，应该得到应用和进一步的发展。在她生命最后两年发表的一部著作中，她在文末明确地写

1 让·伊塔尔因根据他事迹改编的电影《野孩子》而为人所知。

道："现在，我请你们继续补充，就像沿袭和发展家族之路那样。"遗憾的是，我并没有看到狂热的追随者践行蒙台梭利的心愿，有些人甚至在她生前就已经拂逆她的想法。她的研究著作被神圣化，变成僵化的教育法，被奉为不可亵渎的教条理念，而这恰恰是蒙台梭利想要避免的事。她的孙女瑞妮尔德·蒙台梭利曾经说到祖母晚年觉得很孤单，她经常喃喃自语："Propio non hanno capito niente，propio non hanno capito niente"，意思是"他们没有理解，他们根本不理解"。

我接触到蒙台梭利博士的著作时，立刻被这种不教条、可持续发展的科学教育法深深吸引。而且，这种教育法展示了令人惊讶的公平性，极具远见，富含人性思考。七年多以来，我每天研究蒙台梭利的理论，并结合当今人类学和法语语言学的研究成果加以丰富。

正是在这个基础上，基于儿童行为潜能发展的思考（这一阶段是儿童潜能发展的高峰期，下文将详细展开论述），我致力于研究结合法语语言特征的各种语言训练，以及巩固各种基本行为能力所不可或缺的集体活动。而且，尤其关键的是，我减少了固定活动，留出更多时间给孩子加强社交往来，更多活动是为孩子们营造一起玩耍的快乐互动时光，而不是僵硬的知识灌输。我们竭尽全力，希望孩子们能建立真正的联系，一起欢笑，相互交流，自我表达，相互帮助，一起学习，共同生活。这种“社会联系”是培养积极主动性、激发学习兴趣的真正的催化剂。

试点初见成效

虽然一直未能得到一纸官方认定，不过，在第一学年期末，我们得到教育部和教育局的允许，由法国国家科研中心格勒诺布尔分院进行幼儿发展测试。测试结果令大家惊讶。曾经有专家对我说，第一年不可能有什么成效，需要时间慢慢来。然而，到了6月，测试结果与专家的预测截然相反，“除了一名学生外，其他所有学生进步速度均超过平均线，有很多学生进步飞快。低于平均线的那名学生缺席最多”。[1] 有些孩子刚入学时落后平均线几个月，甚至几年，但是一年之后，不仅赶超平均线，而且在基本认知能力等方面进步喜人。

其中有一个孩子，入学时在功课记忆上落后了八个月。要知道，功课记忆是能否成功完成学业的预知性能力。一年之后，测试结果表明，这个孩子不仅弥补了差距，甚至超前了二十八个月。测试结果还指出，大部分四岁孩子的阅读能

1 摘自Agir pour l' école组织编写的测试报告。

力，超过小学一年级的“警戒水平”。“警戒水平”是文盲预防专家所设定的小学一年级学生在1月时必须掌握的最低阅读能力，如未达标，则难以继续学业。到了7月，57%的中班孩子都已超过了“警戒水平”。而最让人震撼的是，孩子们的这一阅读能力是在快乐、高效和轻松的氛围中养成的。

家长也都亲身感受到孩子们的巨大变化：他们变得安静、自立，开始懂得自律，看到小朋友会主动打招呼，懂得帮助人。孩子和他人相处变得极为融洽。我们拍摄的几位见证者都忍不住侃侃而谈，他们谈到孩子一开始沉默寡言，渐渐变得活泼好动。所有家长都一致觉得孩子不再暴躁，学东西很快，喜欢去学校，守纪律，自立，语言能力加强，尤其是变得热情大方，愿意分享。家长们反而觉得有点儿应付不过来，孩子电视看得少了，更愿意学习，大量阅读，帮助兄弟姐妹。他们渴望学习新知识，有时候让家长们应接不暇，比如带孩子出门，他们可能要在每一块指示牌前面停下来，解释牌子上的内容，或是每天晚上都要带孩子去图书馆看书才能满足他们求知若渴的愿望。

听到这个结果，我心潮澎湃。事实证明我是对的！根据孩子行为习得的自然法则，改变学习环境，可以让阅读、书写、算术学习成为快乐轻松的事。那些被人们定义为非认知的能力，如互助、合作、热情友好，也能够在潜移默化中慢慢养成。人总是有意想不到的潜能，只是未遇到合适的时机展示出来。

试点第二年

试点第二年，即2012年至2013年，我们留下了老学员，原来的小班龄和中班龄孩子都顺利进入第二年的学习。所以第二年的试点班有中班龄和大班龄学生，另外我们又招收了部分小班龄学生。于是，班上一共有三个年龄段的孩子。混龄班的孩子，展现出惊人的进步，先进的孩子带动落后的孩子，好胜心自然而然地激发他们不断进步。

只是，教育部仍未颁发试点班的官方认证文件，尽管我坚持不懈，一再推动，教育局仍鉴于未拿到官方审批，拒绝为孩子做幼儿发展测试。我一再申请和沟通，期盼能有所进展，可是直到第二学年期末，依旧未有最终审批，孩子的进步情况无法得到教育局的官方评定。

我接受不了这个事实。对我来说，孩子每一天让人惊喜的进步必须得到量化测试。于是，我决定在课外进行同样的测试，由学生家长和一名独立心理医生担任测试者。后来我才发觉，当初的这一决定让人何等费尽心力。由于时间很紧张，我们优先考虑学过两年的中班龄和大班龄孩子，最终，这一年只有15名孩子参加测试。

测试结果令人欣慰，孩子们的发展非常好。比如心理医生的报告指出大部分孩子“对初次阅读的文章的理解力相当于小学一年级平均水平”。数字识别和排序测试中，“只有两名学生不及格。全部大班龄和一名中班龄学生通过了口算考试。其实口算考试是为小学二年级学生设计的。在这项考试中获得满分的学生，不仅是班上最优秀的学生，而且堪比小学二年级的优等生”。数字大小比较测试中，“我们再次看到，所有孩子在测试时表现积极热情，对数字的掌握远远超过同龄孩子”。

测试综合结论指出，“对于学校的两门基本课程——阅读和数学，试点班的孩子表现出的熟练掌握能力超过了同龄孩子。而且，这一组所有孩子的阅读能力都很强，远远超出我们对六岁孩子的期待值。唯一一个无法独立完成文章阅读的是中班龄学生，但也认得所有单词。算术能力也让人惊讶，远远超出预计。可以说，这些孩子超过我们的预计至少一年以上”。

这一年，我们接待了很多专家的探访，其中有担任法兰西学院实验认知心理学主席的国际著名认知心理学家斯坦尼斯拉斯·德阿纳先生，同行的还有他的同事、著名学者曼努埃拉·皮亚扎（Manuela Piazza）女士。他们的到访对我而言是一段宝贵的回忆。事后，斯坦尼斯拉斯·德阿纳在给国家教育部部长的邮件中提及了他对试点班的深刻印象：

“我同事曼努埃拉·皮亚扎和我在试点班观察了整整一个上午，孩子的进步的确显著。试点班采取混合年龄段的教育（涵盖幼儿园小中大班三个年龄段）。孩子自由释放，同时专注力很强，课堂表现非常活跃，而且会相互照顾，拿着教具相互学习。班上一半以上的孩子可以独立阅读，相当于小学一年级甚至二年级水平。他们能理解10以内的数字，数字大小，4以内的加减。我经常说，传统学校教育低估了孩子的潜能。通过这次探访，我更加坚信我的判断。”

法国国家健康与医学研究院研究主任兼巴黎跨学科研究中心负责人弗朗索瓦·塔代伊（François Taddéi）在拜访之后也致信教育部：

“我也有幸参观了试点班，并且与斯坦尼斯拉斯和他同事一样，印象深刻。这个班级多达27个孩子，全都来自普通家庭——不同于私立学校的生源。孩子在班上表现自如活泼，好奇心强，懂得相互合作，可以独立阅读或者共同阅读儿童读物。若政府真如所期望的那样力图改革教育、让民众得以有所成就，那么可以尝试推广这一试点班的经验。”

让-尼科学院研究主任若勒普·鲁斯特（Joëlle Proust）也致信说：

“今天我参观了塞利娜·阿尔瓦雷斯女士的试点班，特此致信和您沟通。此次参观，我看到了约30个孩子，他们性情平和，快乐活泼，认真地投入各种专门为他们设计的认知活动中。他们单独进行，或者两三个一组，总是能把每个活动完成到底。阿尔瓦雷斯女士的研究受启发于玛利亚·蒙台梭利，创造了一个丰富、有序的环境，充分调动孩子的积极性。孩子们不仅熟练掌握阅读、写字、算术等基本能力，而且未来学业所必需的专注力、基本认知都得到良好培养，比如专注于一件事，认识自己的错误，设想不同解决方案。同时他们也学会了宝贵的社交能力，在游戏中懂得尊重他人的想法，懂得相互合作。大班龄的孩子会帮助年纪小的同学、教比自己小的同学。热纳维耶的这所幼儿园，让我更加确信教育改革必须从幼儿园开始。而且我认为，更为紧要的是必须意识到这一点，让学校完全承担起责任，从认知上培养有学识、有责任心的未来市民。”

法国国家科学研究中心研究主任、语言学家利利亚纳·施普伦格-沙罗勒（Liliane Sprenger-Charolles）在参观结束的几天后也致信说：

“上周一参观了贵班，今日恰逢周末，提笔写信给您，想再次向您表达这一切令我印象至深，尤其是班上浓厚的学习氛围和快乐气氛，整整持续了一个上午毫无间断。这个班上27名学生都来自问题教区的家庭，您和孩子之间的沟通，孩子和孩子之间的沟通，也令人印象深刻。年纪大的或是某方面能力比较强的孩子担任小老师，帮助后进同学。我如今已经退休，曾经在多个问题教区工作过，从未想过这种教学方式有可能成功。祝贺您！”

试点第三年

第三年，我大部分时间都奔波于为试点班取得官方认可，力争获得那份著名的教育部批文。我的努力差一点儿就成功了。当时，试点得到了时任教育部下派教育促成部负责人乔治·波-郎之万女士的支持。2014年2月，我们特地为波-郎之万女士安排了一次试点班视察，期待她能够签署批文。遗憾的是，临近视察前几天，行程取消了。不久之后，波-郎之万女士被任命为海外省部长，离任教育部。新官上任，团队成员也发生变化，一切沟通只能重来。

因为缺乏官方批文，幼儿发展测试无法得到教育局认可。斯坦尼斯拉斯·德阿纳建议让班上的十多个孩子到他的实验室接受核磁共振检测，他的高尖团队擅长研究学习阅读时儿童脑神经元联结的发展变化。这些无与伦比的研究，让人们进一步了解人脑阅读学习的机制。通过对班上幼儿的检测，研究者力图发现，相比于小学才开始阅读教育的孩子，三岁到四岁自发地开始阅读是否有助于提高阅读水平。测试结果仍在分析中，但是研究团队已经指出，阅读过程中脑神经元联结建立是很正常的事，只是时间早晚的区别。这不意味着学前教育必须纳入阅读启蒙，而是说如果孩子表现出阅读兴趣，那么他们就具备了阅读学习的能力。

热讷维耶试点班后续

三年试点班接近尾声，官方批文迟迟未能获得。2014年7月，教育部决定暂停试点班，我被告知教室将被收回，孩子继续按年龄分班就读。显然我无法在教育部辖区内继续研究了。我决定另辟蹊径。2014年7月中旬，我向教育部提交辞呈。试点班孩子无与伦比的、充满希望的进步，让我坚信推广试点班经验的紧迫性，不仅是理论经验，还有获得极好成效的教学工具。教育部无法给予我推广经验的自主权，更无法保证推广的效果，所以，离开教育部或许是一件好事。我坚持让那些有意听取经验的老师都能理解和明白我们的每一个实践。我希望热纳维耶试点班教学法可以让所有教师收益，并轻松应用。

我将试点班的一些班级活动视频和借鉴的基础理论陆续放在博客[1]上。我急于分享经验的心和很多幼师寻求改进教学法的期待不谋而合。我们之间的共鸣获得令人震惊的成效，仅仅两年，几百名幼师和十几所纯公立幼儿园都从试点班经验中获得了启发。我不断收到很多幼师的反馈，他们的工作得到了根本性的改善，他们告诉我孩子的知识获取能力大大提高，而且自主性得到极大的释放。老师们也感觉到动力满满。

您正在阅读的这本书，着力于推广试点班经验，不受习得研究的生物学重要原理（这也是我的研究基础）的限制，也不受教育固定模式的限制。我们重点分析了为孩子创造一个高质量、丰富多彩、富有活力的环境的重要性，孩子的智力发展可塑性非常强，早期教育有助于激发他们的积极主动性，完成喜欢的游戏活动。本书第二部分阐述了帮助孩子组织和利用外部世界信息的重要性，尤其是以借助教具的形式给孩子提供详细具象的信息，比如基本地理、音乐、识字和算术。

1　博客网址：www.lamaternelledesenfants.wordpress.com。

第三部分则强调了在孩子有需求的时候，不宜早不宜迟，应适时给予孩子机会，让他自由发挥与生俱来的潜能。第四部分论及了教育环境最核心的一点：人际关系的重要性，丰富多样、热情友善的人际互动，是人类智力充分发展的重要因素之一。

这些都是教育的“不变式”。从理论上说，这些因素恒久不变，所有人都熟知，优于方法论，而且逐渐成为一切激发和尊重人类潜能的教育法的共同点。这些重要原则尊重人类自然规则，而不是漠视。当今世界惯于将意志、思想和信仰强加于生命自然法则之上，让我们摆脱这样的旧世界，认识自然法则、践行自然法则，谦逊包容，打破惯例，重建未来世界，美好的奇迹定将不期而遇。

1

人类大脑可塑性

我们的遗传基因并不是健康、智力或社交能力的决定因素。这颠覆了人们一直以来的认定。基因仅仅是人生电影中的一个小配角，我们之所以成为我们，取决于身处的环境。营养和心理成长环境最终决定了我们成为什么样的人，包括经常交往的人、听到的语言、说出的话、控制紧张情绪的方式、生活经历、食物的质量、体育运动时间长短。

大家或许都知道最著名的表观遗传学[1]案例——工蜂案例。我忍不住再次重提，因为我认为这是解释环境对幼儿影响重要性的最形象例证。虽然生下来和其他蜜蜂一模一样，但是工蜂被喂养成为工蜂；而它们其中一名成员，如一直被喂养蜂王浆，将最终成为蜂后。人类自身，要成就最好的自己，同样需要一个友善、丰富、有活力、有序的环境，激发探索和自主活动、友好互动、互助互利、心态平和、乐善好施的兴致。关注这些环境因素，不是一件可有可无的事。良好的环境对于幼儿来说就像是蜂王浆，他

1 表观遗传学的法语为Épigénétique，来自古希腊语épí（意为在某物之上）和génétique（遗传）两个词根组合。表观遗传学主要研究外在环境导致基因表达不同的学科。

们能够直接从中汲取营养，获得最佳的培育。

具有远见卓识的玛利亚·蒙台梭利先于众人发现了环境因素的关键作用。她知道，想要支持孩子良好成长，成年人应该全力关注的基本要素就是环境，要充满爱心、全心投入、巧妙智慧地营造良好环境。她勇敢地一再强调这一点，然而很多时候，即使最忠实的追随者也没能抓住要点，而是把注意力放在教材上，忽视了根本。蒙台梭利多次用意大利语提到孩子的活动室，她用的是“ambiente”[1]，意为环境。我认为她的研究著作中应该被牢记的一点，也是她一再强调的，就是大人需要集中精力，为孩子创造一个有利于其发展的丰富、自由的环境。玛利亚·蒙台梭利医生恰到好处地指出表观遗传学对于教育的重要性，幼儿所处的环境应被视为有利于智力发展的生态环境。这也是本书的宗旨：向人们揭示那些有利于幼儿发展的永恒的教育和环境要素。

1 经常被误解为“氛围”。

大脑可塑性

人类出生时大脑组织并非一片空白。初生婴儿的大脑已经具有成年人神经回路的粗略架构。我曾经一度深信，人类一出生就具有潜能，只是在等待世界给他机会得以发挥……当我看到婴儿脑回的脑成像时，我感到无比高兴，这印证了我的想法——我们发展人类特质的潜能与生俱来。我们生来就具备沟通的潜能，构建准确的语言，组词造句，记忆，逻辑思维，创造，发明，想象，感知各种情感并适时控制情感，甚至是感同身受的能力、道德本能和根植内心的公正感。我们生而具有智力和感官的潜质，这难道不是一件了不起的事？

然而，也正是因为大脑结构尚未成熟，才凸显了环境因素的至关重要。虽然婴儿具有语言和思维潜能，但是他不会说话，不懂得思考。人类就这样以未成熟的状态来到这个世界，甚至连大脑都未发育完全。要想发展潜能，就必须具备一定条件，需要优质的环境。婴儿大脑发育未完全，在物质匮乏、暴力和有害的环境内，就极有可能受到侵害。人类为何不能在母亲温暖、有保护的腹中就彻底完成发育，像其他哺乳动物那样，出生时脑部发育足够成熟，生下几小时后就可以交流、行走或辨认方向？总是规范有序的大自然，难道在人类造物上“糊涂”了？

大自然当然不会搞错。大脑未发育成熟，是必然的事，因为人类具有比其他任何哺乳动物都更强大的思维逻辑能力、想象力、创造力，且不停在创新。如果人类婴儿像其他哺乳动物一样，出生时智力已发育完全，那么人类智力可塑性将大大减弱，无法吸收前人不断进化的新内容。或许这样的生活更为平静而安全，但进化也由此彻底终止。未完全发育的人类小创造者来到这个世界，顺应自然地长大成人，在生命的最初几年，可以毫不费力地吸收父母亲的文化。他们拥有与生俱来的潜质，自动形成语言、行为和社会感知能力。婴儿不是学习语言，而是拥有与生俱来的语言能力！

这种未发育完全的出生方式，是真正的杰作！而且它确保了人类进化的可持续性。婴儿脑神经纤维含有父母的遗传基因。就这样，无须费力也不必费时，人类保留了漫长的进化链。显然，对于大自然造物主来说，相比人类进化的无限潜能，人类未发育完全的大脑可能遭遇的危险就显得无足轻重了。

未发育完全的幼儿大脑

现在，我们更加明白，除了基因遗传，孩子所处的生长环境也影响潜能的发展。孩子大脑发育离不开环境、智力和人格潜能，得到正向或者负向的发展随环境而定。这是一把双刃剑。一方面，不存在致命基因，不论遗传了何种基因，所有人都有机会发展智力，培养丰富积极的社会关系。另一方面，幼年时期所处的成长环境，会在脑神经纤维中留下深刻印记，良莠兼具。换句话说，大自然赋予幼儿各种潜在的能力，使人类发展免于脱离大方向，同时生长环境又决定了这些潜质的发挥，环境所能提供的机遇决定幼儿能否充分展露和发挥潜能。这是各大高校的儿童发展研究中心（尤其是最具教学实践性的哈佛大学儿童发展研究中心）所公认的结论之一。

人并非注定可以发展语言、逻辑思维、情感和其他各种潜在的能力，只是具有发展的潜质。具有初始大脑构造并不保障智力的发展……人类只是带着智力发展的可能性出生。想要真正发展智力，则需要借助环境所提供的条件。

比如语言。我们总是说，人生来具有语言的潜能，具备预置的构件来组织和表达语言。但若环境不允许，人类可能根本无法掌握语言。想要让先天语言潜能得到发展，必须得到环境支持，从出生到三岁之前的语言敏感期内获得持续的、丰富多样的语言刺激。仅此而已。无须任何其他教学法。人类只需年幼时处于丰富、有活力的语言环境之下，就能促进神经回路的发育。相反，如果三岁之前一直处于匮乏或是错误的语言环境下，语言能力就无法得到充分发育。

有一项名为“幼年之难”[1]的惊人研究指出了语言环境的力量。研究者记录了来自不同社会阶层的42个家庭里孩子与父母之间几百个小时的互动。孩子从七个月开始被跟踪记录，直到三岁。研究者们统计得出，三岁孩子所使用的86%～98%的词语均来自父母的语言。不仅如此，孩子语句的长短以及说话方式都与父母极其相似。来自贫困家庭的父母，与孩子的交流语言通常偏简短：“住手！”“下来！”家境较好的父母与孩子之间的话题更为宽泛，父母能多用完整句子，能更多地与孩子交流沟通。研究者发现，来自较优越家庭的孩子在四岁时，往往比来自贫困家庭孩子多认得

1 Hart, B. & Risley, T. R. (2003), «The Early Catastrophe : The 30 Million Word Gap by Age 3», *American Educator*, pp. 4-9.

3000个单词，只是因为贫困家庭的孩子没有在语言发展敏感期得到足够的培养。幼年的智力发展缺陷，会给将来带来更大困难，这些孩子未来需要更多的努力和更严苛的教育才能弥补成长敏感期的缺失。

环境差异导致智力发展的巨大差异。在此次跟踪研究中，优越家庭的孩子所处的语言环境更为持久而丰富，三岁时测试智商比其他孩子高得多，九岁和十岁时的学习成绩也更好。如今我们也知道，从三岁的口语水平可以窥视出五岁的阅读水平和八岁的文章理解能力。[1]

幼儿早期教育是智力发展的基础，而这一基础又受制于成长环境。不论出生于富裕家庭或是贫困家庭，所有人都应享有智力发育的基础条件。极端优越家庭的父母往往继承几代人细腻讲究的语言表达，但是这种家庭的新生儿如果从出生几个月起就处于匮乏、粗俗、语法错误的语言环境中，那么即使孩子家族中拥有一队大演说家，这个孩子未来的语言也将是贫瘠的，他的语言能力只能建立在语言环境所能提供的基础之上。语言环境未能教予的内容，孩子无法自行创造出来。出生于极端贫困家庭的孩子如果从襁褓之中就处于一

---

1 Snowling, M., Hulme, C. & Nash, H. M. *et al.* (2015), «The Foundations of Literacy Development in Children at Familial Risk of Dyslexia», *Psychological Science*, 26 (12), pp. 1877-1886.

个丰富的语言环境中，他的语言能力将得到极大发展，远超过亲生父母所能传授给他的。我们空有与生俱来的潜质，智力的发展仍完全依赖于环境条件的支持。在这一点上，所有人都是一样的，谁也逃脱不了环境造物者的掌控。对于一个新生儿来说，一切皆有可能，如此简单，却又令人振奋，人生富有戏剧性。新生儿未成熟的大脑，既能接纳无限开放的可能，又受制于环境，显得如此无助。

教育界最基本的一个信息：对于智力的培养而言，不存在决定性的基因。造成差距的原因不是基因，而是成长环境。所以，想要改变教育不公平，那么最需要全力关注的是教育环境和教育条件。很显然，我们希望改变许多孩子的命运，那么不仅仅需要改变教育方式，同样需要改善孩子成长的环境，包括家庭环境和校园环境。我们负有极大责任，为孩子建立足以激发其潜能的“营养丰富”的环境。塞纳河畔讷伊市的幼儿可以学习优雅丰富的语言，为将来的学业成功打下基础，而热讷维耶市的大部分孩子却生活在简单化口语化的语言环境中，被极大地限制了语言表达和智力的充分发展。

儿童日常生活建构大脑

在幼儿大脑未发育成熟期提供丰富的智力支持，是智力发展的基本条件。

幼儿在父母身边所经历的一切都将以神经元联结的方式记录下来。从出生到五岁，每一秒钟就会建立700 ~ 1000个新的神经元联结。[1]孩子看到的每一个画面，每一次互动，每一件事——不论多么平凡的日常琐事，都会在大脑中以神经元联结方式记录下来。大脑就这样直接借助生活经验而成熟起来。而且，在这些最重要的大脑敏感期，孩子收集大量的信息，建立起智力发展的里程碑。就像盖房子打地基一样，人类大脑也需要创造无数神经元联结才能完成发育。

而且，造物主从来都深思熟虑：因为需要大量神经元联结来构建大脑，幼儿具有强烈的探索欲望。触摸东西、抓握东西、呼唤我们、观察我们的一举一动，认真地观察世界的同时，大脑也在不停构建中。所以，对我们大人来说，最重要的是不要为了自己轻松或是安全考虑而去阻挠孩子的探索和学习（“别碰那东西”“待在那里别动”“坐下来”“等我来”“闭嘴”等等）。一旦这么做，不意味着孩子变乖了，而是正在发育的智力停滞了。放手让孩子去探索，让他和这个世界、和其他人建立联系，建立成千上万个神经元联结。

---

1 Center on the Developing Child (2009), «Five Numbers to Remember About Early Childhood Development (Brief)».

没错，的确是成千上万个神经元联结。而且，幼儿大脑的神经元联结数量会快速达到顶峰。蒂法尼·什拉因[1]曾做过一个比较，对比儿童大脑的两个神经元之间的连接数量与因特网两个网页之间的链接。两个神经元相互接触的部位，称为突触。大家普遍认为因特网链接比儿童和成人的大脑神经元联结多得多……然而并非如此，因特网约有100万亿个超级链接，成年大脑神经元突触则有其三倍之多，约300万亿个，儿童则有十倍之多，1000万亿个神经元突触！我们可以想象儿童时代神经突触的威力之强大：眼见的一切，所有一切，都会在其脑中建立一个联结。在这个大脑可塑性最强的时期，只需放手让孩子去感受生活、自由探索这个世界，他就会以最神奇的速度学习各种本领。对他来说，学习就像呼吸一样，完全下意识，同时每一秒钟建立700 ~ 1000个新的神经元联结。

在极富创造性的这几年里，糟糕的成长环境将给孩子大脑发育带来不利影响。大脑发育建立在它所接受的信息之上。如果信息吸收不够，发育自然不完全。因此毫无疑问，缺乏合适的成长环境会极大地遏制潜能发挥，如同盖

1 Shlain, T. (2012), «Brain Power : From Neurons to Networks», TED Conferences, LLC..

房需要稳固的地基一样，不够密实牢固的神经回路将会影响未来大脑的建构。

罗马尼亚孤儿的悲剧就是最好的佐证。独裁者尼古拉·齐奥塞斯库倒台之后，人们发现大量条件极为恶劣的孤儿院。孤儿被长时间遗弃在围栏床里，好几个孩子挤在一张床上，甚至长期不见阳光。他们与大人的接触时间也是少之又少，一个保育员照顾20多个孩子的吃喝拉撒，根本没有交流互动的时间。孩子被剥夺了与成人接触和与外界联系的机会。恶劣的条件造成儿童脑活动量下降，大脑发育滞后，脑容量和脑活动量都低于常人。[1]因发育阶段被隔离而无法获得正常社交接触的孩子，大脑发育遭到严重遏制，发育水平低于常人。这些孩子只获得了每天必需的食物，心理发育严重缺失。

儿童智力发育需要大脑神经元联结达到足够的惊人数量。不过，这些神经元联结不会永久保留，刺激率低的将逐渐淡化，最终消失；相反，刺激率高的神经元联结，记录的是幼儿最频繁的经历，会随着体验不断加深，这被称为突触修剪。突触修剪使大脑具有更强大的适应性和专注性，得以

1 Nelson, C. A., Zeanah, C. H., Fox, N. A., Marshall, P. J., Smyke, A. T. & Guthrie, D. (2007), «Cognitive Recovery in Socially Deprived Young Children : The Bucharest Early Intervention Project», *Science*, 318 (5858), pp. 1937-1940.

不断更新。脑神经元联结会根据经历或加强或修剪，我们将这种持续不断富有活力的创造称为大脑可塑性。从五岁开始，大脑可塑性逐渐减弱，直到青春期达到最低值，此后整个成年阶段保持微弱的可塑性。人的一生所经历的事，大脑会根据体验频率不断制造新的神经回路，加深、修剪或者抹去旧回路。我们反复经历的体验在不断影响大脑结构，而对幼儿来说，经历不仅仅是影响，而是直接塑造大脑结构。但是要记住，大脑不是根据经历的内容来决定消除或者保留神经回路，而是根据频率直接加深或者淡化神经回路。所以，一定要明白，幼儿的大脑塑造不具有选择性，他所经历的一切都被良莠兼收地记入大脑。

和孩子一起生活，意味着参与他的大脑塑造

经验频率决定大脑可塑性，如果幼儿频繁接触通俗语言，即使不定期地听到有人说精致讲究的语言，脑中加深的依旧是最常听到的俗语。不论是父母、老师、保育员、辅导员或者兄弟姐妹，近距离经常性地与幼儿生活，意味着直接参与他的大脑塑造。我们的说话方式、行为举止、和他一起做的事、在他面前做的事，都是参与孩子大脑塑造的一部分。

所以，我们责任重大。当有一天早晨，我们看到孩子像我们一样做事，像我们一样说话，一举一动都像我们时，这会是非常有意思的时刻，我们也许会异常惊喜，又或者觉得无法接受。孩子就像是一面镜子，生活在孩子身边，我们就在潜移默化中教会了他们我们的言行举止。我们觉得孩子在模仿，其实更准确的说法应该是，孩子的行为是内心世界的外化表现。所以，不论愿意不愿意，都必须要知道，我们不在意的一切小细节，不论好坏，都会直接成为孩子能力发育和行为培养的基础。我们的态度就是未来孩子的态度。这一点必须一而再再而三地强调。从现在开始，就要行动起来，不论在家里还是在学校里，我们都要以身作则。

我们的行为是怎样的？我们日常生活又是怎样的？是否匹配我们期待在孩子身上看到的言行举止？请从现在开始：不论您是父母或是教师，只要在孩子身边，就必须有意识地注意自己的行为举止。想要让孩子有礼有节，说话得体，无须想方设法，只要从自己做起。

对孩子严格要求，首先就要对自己严格要求。这是热纳维耶试点班的首条金句规则。坦白地说，在25个孩子的班上要遵守这一点的确不容易。但是，当我们知道孩子大脑具有如此强大的吸收力，他所看到的一切都将成为大脑建构的基础，而我们平均每天又能和孩子一起度过6小时的时候，那么，遵守这条规则不再可有可无，而是一种责任。我们的一举一动，语言表达，待人接物，都是孩子的榜样。

在热讷维耶试点班上，我们尤其关注班级里的沟通语言。我们之前已谈及，语言能力带动智力发展。考虑孩子们的语言能力发展之前，安娜和我首先非常注意自己的语言表达，必须语法无误、有理有据、用词准确恰当。比如否定句就需要完整使用否定词，尽量用有逻辑的复句。例如，当孩子问："会下雪吗？"我们从来不会敷衍地用一句"我不觉得"应付了事，而是会说："我觉得不会下雪。今天早上我听了天气预报，预报员说不会下雪，但是会很冷。看看天上，云没有那么厚，还不会下雪。"我们尽量不省略主语，而是用"我们"。我们不会说"孩子们，中午吃完饭就去泳池"，而会说"孩子们，中午在食堂吃完午餐后，我们去游泳池游泳"。同样，我们尽量用准确的词语，而不用"这东西""那玩意儿""这个""那个"来指代事物。这样说话有点儿费劲，但是我们宁可花时间找到合适的词也不随口应付，我们对孩子解释说："等我一秒钟，让我想想怎么说更合适。"即使对孩子来说有点儿难懂，我们也应坚持用最准确的词来表达。

事实上，孩子们非常喜欢渊博有内涵的词：世界地图、南美洲、欧洲、立方体、圆锥、圆柱体、青锁龙、橡胶、栀子花（而不是简单地说“花”）、圆盘（不说“圆的”）、平底鞋（不是简单地说“鞋”）、雌马（不说“母马”）、马驹（不说“小马”），诸如此类。我们总是寻找最准确的词语，所有这些词都会刺激智力发展，让成长中的孩子觉得新奇有趣，乐于学习和使用。

我们有一个世界地图的拼图，孩子们懂得拼各大洲板块。每个大洲颜色不一样，比如亚洲是橙色，有时候年纪小的孩子会说：“我住在红色洲。”大孩子马上用更准确的表达纠正他：“红色的这个洲叫作欧洲，不是红色洲，是欧洲！你住在欧洲。”

我们对语言的要求是不容商议的。不论什么时候，我们都会耐心等待孩子找到准确的表达方式。我们也投入时间，帮助孩子学会准确表述，比如如何请求去洗手间，如何向同学解释十进制。流利的口语表达，的确是试点班强调的重点，孩子们也都清楚这一点，愿意帮助较弱的同学努力改进表达，给他们时间组织句子，教他们不懂的词语。

注重语言表达，这一点非常重要，因为热纳维耶的孩子语言水平普遍都很弱。前一年，我在富裕地区（塞纳河畔讷伊市）的幼儿园任教，有了这段经历对比，我发现热纳维耶的孩子的语言表达能力和讷伊的孩子相比，差距堪比鸿沟。在讷伊，大部分五岁孩子语言表达准确流畅，很多孩子的否定句都不会遗漏否定词，[1] 有些甚至会用上一两个英文单词，会说“挂衣钩”而不是说“挂衣服的”。讷伊的孩子用词非常准确，让人印象深刻。后来，当我看到热讷维耶孩子的语言水平时，我更为震惊，他们时不时会用“这东西”“那玩意儿”等非常口语化的用词。有的孩子毫不忌讳地对我说：“塞利娜，我要撒尿。”三岁的孩子根本不懂得该如何运用语言，他们会气呼呼地一字一顿地说：“塞利娜……亚辛像坨屎”“中午食堂有啥吃的”“爸爸在家恶心死了”或是“弟弟昨晚烦死人了”，这样的表达对孩子来说都是有问题的。当我对他们的话语表现出惊讶的表情时，他们都不明白是怎么回事。对他们来说，这样说话很正常，不过是把学到的说话方式表现出来而已（对有些孩子来说，在家里每天都可以听到大人这样说话）。但是，我们坚持始终用规范的语言，我们不责备不懂的孩子，而是和蔼而坚定地要求孩子在班上使用良好语气和正确用语。对那些最犟的孩子，我会态度坚定地说：“不，我不同意，我不允许你在班上这样说话。你会用另外一种方式

1 法语的否定句有两个否定虚词，分别位于动词的前后，语法不扎实或是过于口语化的表达经常漏掉一个否定词。——译者注

说吗？”如果孩子说不会，那么我们会教他怎么说。

几个月之后，大部分孩子改变了说话方式。一年之后，他们意识不到自己彻底改变了：“塞利娜，维克托打扰我了，我和他说了好几次他都不听，还是一直打扰我，可以请你叫他停下来吗？”

我们意识到大脑具有强大的可塑性。我非常重视大龄孩子的语言，因为孩子们之间会不停地相互交流，而他们是其他孩子的榜样。需要的时候，我会毫不犹豫地打断孩子们说话，请他们用准确得体的语言重新表达。因此，孩子们也意识到老师们非常看重说话方式，我们自己表达得体，花时间和孩子们好好说话，也愿意给孩子们时间，学着好好说话。

努力的结果真实可见，几个月后，家长们在家里看到了孩子的改变：“我儿子现在是家里唯一一个不说粗话的人。他用词很准确，而且如果我们说话不注意，他还会不高兴。”我们还将看到，懂得恰当得体地表达、用词准确、口语流利，不仅有助于社交，更重要的是，这也是发展有逻辑、内容丰富、组织无误的复杂思维的一种能力。孩子不仅准确表达、有理有据，他们也在用同样的方式思考，准确、有理有据。而且，他们在努力表达自己想法的时候，需要在脑中记住所需信息，有逻辑地组织信息，并表达出来让别人理解，当一时找不到词语表达时，他们还要克服怯场和紧张心理，集中精力尝试表达；如果对方不明白他的话，他还要尝试解释或换一种说法。也就是说，请孩子清楚准确地表达，并耐心地给他们时间组织句子，就是给孩子发展重要的语言能力的机会，同时也支持孩子发展核心认知能力，这是他们未来学业、事业、情感成功的前提条件，比记忆力、自控力、恒心毅力或是灵活性更重要。下文我们将会谈到这些核心认知能力，也是一种执行力。现在请大家记住，让孩子们发展丰富流利、有组织的语言表达有助于他们认知能力的良好发展。

身为大人，我们也很注意自己的言行举止。我们希望创造一个平静轻松的氛围，安静走路，低声说话。就算孩子在教室另一头大喊大叫，我们也不会隔空对他大吼“不要叫了，你吵到所有人了”，如果这么做，我们就是在教他们吼叫，同时也破坏了课堂氛围。我们会从容平静地走过去，镇定但语气坚决地叫孩子说话小声一点儿。

不过，如果很多孩子都在吵，教室里闹哄哄，这时候，大声地维持秩序则是必要的。第一年的最初几个月，孩子们还不适应，这种情况就经常发生。我们把孩子排成一个圆圈，训练注意力，让他们学着放松下来。课间休息有时候也会到室外。但不论在哪种处境下，我们都力求自我约束，不愿意孩子做的事，我们自己也要以身作则。

我们注意日常授课时的行为举止。实际上，孩子观察着我们的一举一动，全都记录在大脑里，也就是形成神经元联结。比如我们把摊在地上的一张垫子卷起来，这时候很可能有一两个年纪大的孩子在看着我们，那么就必须放慢动作，做到动作准确，这样孩子就会记住怎么做，日后就可以自己按部就班地卷垫子。

孩子处于创造期，我们尽可能在一天里提供不同类型的丰富活动：地理、音乐、阅读、书写、算术、画画等。这些活动要清楚准确并富有生趣地介绍给孩子们。和孩子一起活动，真的是一件让人愉悦的事，能够为孩子提供这些活动课程，我们也倍感快乐。我们的热情感染着孩子。每一种课程，我们一对一教授，或者两三人小组上课，确保孩子水平相当，并且照顾到每一个孩子的兴趣点。下课后，我们关注孩子之间对所学知识的自由交流和沟通。其实，孩子都很独立，而且不同年龄同班，有助于让大孩子乐于向小同学展示他学到的知识，从而进一步巩固复习。这种大带小的方式，低龄同学也接受得非常快。

任何教师都比不上这种大教小的效率，五岁孩子在三岁孩子身上激发起的好奇心是不可比拟的，同时大孩子乐于帮助同学的积极性也得到大大激发。知识在孩子之间传播速度超乎想象。互动最能激发学习的积极性。所有孩子从早到晚都自由活动，可以随时自由交流，不限主题地频繁沟通和互动。孩子间的语言充满快乐，沟通效率极高。

所以，我们创造最合适的环境和条件，为智力尚未发育成熟的孩子提供丰富而积极的精神食粮，让我们的语言、行为举止、沟通方式、各种课程教授的知识，在孩子们之间得到快速有效的传播。

当家庭条件不足时，幼儿园担当起重要作用，要知道，孩子每天在幼儿园的时间超过6小时！所以，相比家庭，学校是一个独特的地方，提供丰富的环境，毫无疑问能够降低孩子对不同社会环境的生疏感。我们有这个能力，可以做到。我们需要正面影响孩子的发展，不是直接训导孩子，而是创造积极的环境，潜移默化地引导。这些努力必须从小做起，最初几年是智力养成的关键时期，准备是否充分，就像地基是否牢固一样，决定了孩子未来智力的发育。

这就是热讷维耶试点班践行的第一原则，环境条件引导并决定了孩子潜能的发挥，甚至在入幼儿园之前的早教就应该全力关注环境因素。我们格外注意自身的语言、举止、互动和沟通方式……而且我们严格要求自己和老师，绝不含糊，我们希望为孩子树立最佳榜样——孩子在幼儿园的三年里，眼里所见、耳中所听、双手可及的范围内，都是最佳的榜样、得体的语言、丰富多彩和充满挑战的各种活动课程。

两岁之前的关键期

今天的儿童发展专家已经很明确地指出，两岁之前是一个关键期。人类在这两年内建立起智力发展的基础，当孩子年满两岁时，他已经掌握了很多语言、社交、认知、情感、动机的概念，智力基于这些概念慢慢发展。为了完全掌握这些知识，孩子大脑会经历一场专业化的筛选，也就是根本性的神经元突触修剪，某些神经元联结得到加强巩固，而某些神经元联结则被彻底删除。比如语言能力就是如此。我们知道，九个月大的孩子可以听得出世界上所有语言的各种语音，但三个月之后，到了一岁，他只能辨识出母语的语音——大脑被设定为只关注母语的语音。孩子再也无法听得出全世界所有语言的所有语音，他从此便只专注于母语了。[1]

在接收了庞大的信息量之后，人类大脑会自行修整。别

1 Pena, M., Werker, J. -F. & Dehaene-Lambertz, G. (2012), «Earlier Speech Exposure Does not Accelerate Speech Acquisition», *Journal of Neuroscience*, 32 (33), pp. 11159-11163.

忘了，成长就是一个从百亿神经元联结到三十亿个神经元联结的爆发过程。成长，也意味着放弃了三分之二的潜能，加强余下三分之一最常用的潜能。成长，就是设定自己的专注领域。长大成人，不是变得不聪明，而是更为专业，掌握了特定的语言、文化、思想、为人处世的方式。令人惊讶的是，大脑专业化很早就开始了，两岁幼儿的大脑中已储存了大量独特经历的记忆，而且懂得选择最频繁出现的经历。专家们认为，两岁之前的这段关键期，完成了大脑建构最核心的基础，随后的改造将会变得越来越难。

罗马尼亚孤儿的经历就是最佳佐证。当人们发现孤儿院的恶劣环境之后，陆续将孤儿送往能够满足孤儿需求、经过培训的热心的收养家庭。研究人员跟踪比较那些两岁之前和两岁之后送入收养家庭的孤儿的发展变化。比较结果非常明显，相对两岁之前与亲生父母生活的大龄收养孤儿，两岁之前被收养的孤儿很少或者几乎没有认知和文化差异，到了八岁测试时，这些孤儿的脑电波一切正常。两岁之前的这段关键可塑期，幼儿拥有一个丰富的环境，具有至关重要的作用，有利于加强未来的抗压性和可塑性，大脑将拥有足够的资源，得以重塑和自我修复。

两岁之后被收养的孤儿，到了八岁时，依然被后遗症困扰。如上文已提及，两岁之后，幼儿大脑架构已基本建立，重塑难度极大。当然，人的一生中，大脑持续不断地更新，每时每刻都有新神经元联结建立，不至于“为时已晚”。哈佛大学儿童发展研究中心指出：“在幼儿早期，深化神经回路更容易，之后再试图强化或修复则难度加大，代价也更大。”[1]为了使大脑架构具有牢固的基础，一定是越早越好。所以，两岁之前是关键的可塑期，也就是说，在幼儿大脑已经被初步特定化之前，必须要格外重视早期教育。

亲和环境的必要性

那么，如何帮助幼儿建立坚实的脑部架构？很简单，不需要独门秘诀。爱，陪伴，让孩子融入生活，不孤立孩子，互动，回应孩子的需求，不过度刺激孩子，交流，当孩子紧张时安抚他以免压力神经元破坏了未发育成熟的小脑袋，放手让他去探索，尊重孩子的节奏，提供恰到好处的饮食和培养有规律的睡眠习惯。总之，我们希望顺其自然地为孩子提供一切。

我们早已知道该如何做，在此重提，希望提醒读者关注

1 Article «Brain Architecture», disponible sur le site du Center on the Developing Child de l'université Harvard. Nons traduisons.

日常琐事的重要性。我们只想告诉父母们，从出生到两岁的陪伴，为孩子提供即时的知识结构至关重要。[1]日常的互动，即使是微不足道的一起唱唱儿歌，也绝对重要。一定要坚持做下去，比如一边洗澡一边聊天，一边玩戏水玩具一边配合着讲故事，清晰准确地告诉孩子他指出的事物名称，一起唱歌、读书、听音乐、跳舞、画画、玩橡皮泥，帮孩子学着自己吃饭，孩子情绪激动、紧张的时候安抚他，陪伴他战胜困难，提供支持和鼓励，绝不要强迫孩子。

为两岁以下的孩子设计合适的环境，不需要绞尽脑汁，无须什么经验，也不用什么新的、奇特的教学法。造物主已经为我们提供了最佳答案，只需尊重自然。孩子什么都不需要，只需要有爱他的人、父母和家人陪伴身边，亲和地回应、互动、支持、保护和鼓励。幼儿会寻求与人接触，就像迷失的旅者寻找沙漠绿洲。在一个更为自然、更注重生理需求而非文化需求的家庭里，幼儿和多个不同年龄——三岁、六岁、十岁或者十五岁的孩子生活在一起，同时还有其他大人。我认为，这正是那些从一早就被送进我们幼儿园的孩子所缺少的环境。

1　此处的“结构”是美国发展心理学家热罗姆·布鲁纳（Jérôme Bruner）提出的理念，他认为“成人的所有协助互动，都能帮助幼儿学习如何组织行为，逐渐学会如何独立解决问题”。

除了人际联系，第二个我认为同样重要的因素是与环境之间的关系，一个真正的环境。既然这一阶段的幼儿需要让自己变得专业化，那么请帮助他，为他提供最好的支持：创造一个环境，让他可以听到、接收到高质量的语言，可以观察这个自己刚刚加入的大家庭的日常生活，可以看着我们做饭、用餐、做家务、交流，得以探索身边的这个社会和大自然，构成自己的经验。当然，这一切都需要时间。也就是说，需要提供一个有爱、热情、舒服的、不与外界孤立（而是与外界联系）的真真切切的环境。

如今，很多幼儿园都践行了这一原则，需要持续坚持下去，为这些处于大脑建构最活跃期的幼儿们，提供一个富有活力、开放自由、充满亲情、亲密有爱、丰富多彩、有多种人际往来、有品质有文化、自然和谐的环境，同时还需要沉着冷静的老师，有耐心、懂得给予孩子成长的时间。环境必须是吸引人的，亲切有爱，不被干扰，让幼儿的智力得以发展，让幼儿稳步成长。

生活就是一种学习

有了强大的大脑可塑性机能，一岁幼儿可以轻松做到的事，是我们难以想象的。最新研究揭示，我们严重低估了新生儿和幼龄儿童的能力。在去幼儿园之前，幼儿已经在每日的生活中出色地完成了高水平的认知学习。

马克斯–普朗克研究所曾经在莱比锡做过一项实验[1]，通过观测四个月大的婴儿的脑部活动，研究者发现，对于一种从未接触过的语言，经过15分钟的熟悉之后，婴儿可以感觉出听到的句子语法是否正确。在这个实验中，研究者让幼儿聆听一组陌生语言的简单句，比如“姐姐唱歌”“哥哥会唱歌”。3分钟之后，研究者让幼儿听另外一组有语法错误的句子，比如动词变位错误。研究者观察到幼儿听到错误句子时，脑电波活动会有变化，说明他们感觉到了不一样的地方。仅仅是聆听我们说话，婴儿的大脑就可以提炼出语言内在的复杂规则。巴黎笛卡尔大学认知神经学专家胡迪特·盖尔沃因（Judit Gervain）在《国家地理》（*National Geographic*）杂志的一次采访中提到：“很久以来，我们一直认为婴儿的习得过程是线性的，先学会语音，再掌握单词，之后再组词造句。但近期研究表明，这些其实都是同步进行的。婴儿从一开始就启动了语法学习。”[2]

1 Friederici, A. D., Mueller, J. & Oberecker, R. (2011), «Precursors to Natural Grammar Learning : Preliminary Evidence from 4-Month-Old Infants», *PLoS ONE*, 6 (3), e17920.

2 Yudhijit Bhattacharjee, «Les secrets du cerveau des bébés», *National Geographic*, 16 septembre 2015.

孩子的大脑会下意识地去寻找世界的内在规律。他犯的语法错误，往往是因为语法的不规则性造成的。如果孩子说"Ils sontaient partis"，那是因为他天才地领悟到动词未完成过去时态的变位，是由直陈式变位加上"ai"，比如ils mangent/ils mangeaient，ils marchent/ils marchaient，ils sourient/ils souriaient，还有ils voient/ils voyaient。所以，从逻辑推理，ils sont，自然得出 ils sontaient。正确的动词变化étaient，其实是不规则变化。虽然孩子耳边听到的都是ils étaient，而不是ils sontaient，但是这一阶段的孩子，他们喜欢规律性，希望按照他们认为最符合逻辑的规则来说话。

同样，研究表明，婴儿可以本能地领悟到重要的物理规则。从三个月起，婴儿就可以凭借生活经验判断出空中的物体是否会下落。如果东西停留空中不落下，婴儿会露出惊讶的表情。对他来说，眼前的景象出乎意料，违背了他根据日常经验总结出的规律。一岁以内的婴儿，如果你在他面前抛出一个球而球穿过了墙，或是球虽然滚远了但却看起来更大，又或是小汽车在桌面上走，过了桌子边缘依然可以保持在空中不落下，婴儿同样会露出惊讶的表情。

这可不是捉弄小孩，多个世界知名研究室对三到十一个月大的婴儿进行同样的正规实验[1]，婴儿的反应都是一样的，他们都表现出极大的震惊。这个年龄的孩子，几乎已经懂得准确地表达“妈妈”“爸爸”之类的简单词语，而且也本能地掌握了一些基本的物理原理。

一些研究甚至指出，接近一岁的婴儿不仅仅有能力判断出物体的运动路线，而且能够预测运动速度。[2]研究者在幼儿面前滚动小球，当小球滚到一块屏幕后面，婴儿会在准确的时间注视屏幕另外一侧等待小球滚出来。他们能预测小球滚出的时间点和地点。如果小球没有如期出现，或者很晚才出现，又或是出现的地方不对，婴儿会感到困惑，他会根据正确的运动路线再次检查小球到底有没有出现。

提及这一点，并非为了告诉大家婴儿具有何等非凡的才

---

1 Luo, Y., Kaufman, L. & Baillargeon, R. (2009), «Young Infants' Reasoning About Events Involving Inert and Self-Propelled Objects», *Cognitive Psychology*, 58 (4), pp. 441-486; Stahl, A. E. & Feigenson, L. (2015), «Observing the Unexpected Enhances Infants' Learning and Exploration», *Science*, 348 (6230), pp. 91-94.

2 Moore, M. K., Borton, R. & Darby, B. L. (1978), «Visual Tracking in Young Infants: Evidence for Object Identity or Object Permanence?», *Journal of Experimental Child Psychology*, 25 (2), pp. 183-198; Bower, T. G. R. (1978), *Le Développement psychologique de la première enfance*, Pierre Mardaga; Baillargeon, R., & Graber, M. (1987), «Where's the Rabbit? 5.5-month-old infants' representation of the height of a hidden object», *Cognitive Development*, 2, pp. 375-392; Spelke, E. S., Breinlinger, K., Macomber, J., & Jacobson, K. (1992),«Origins of knowledge», *Psychological Review*, 99, pp. 605-632; Munakata, Y., McClelland, J. L., Johnson, M. H. & Siegler, R. (1997), «Rethinking Infant Knowledge : Toward an Adaptative Process Account of Successes and Failures in Object Permanent Tasks» , *Psychological Review*, 104 (4), pp. 686-713; Haith, M. (1998), «Who Put the Cog in Infant Cognition? Is Rich Interpretation too Costly?» , *Infant Behaviour and Development*, 21, pp. 167-179; Meltzoff, A. N. & Moore, M. K. (1998), «Object Representation, Identity, and the Paradox of Early Permanence: Steps Toward a New Framework» , *Infant Behavior and Development*, 21 (2), pp. 201-235. Voir également le livre d'Alison Gopnik (2005), *Comment pensent les bébés*, Le Pommier, «Poche», p. 101.

能，相信这已是众所周知的事。我只想提醒大家，婴儿学习并明白这些现象，不需要上课，不需要教材，也不需要老师，都不需要。他们来到这个世界，自带了自我学习的程序，借助生活经验，不断自我修正，他们可以极其精确地领悟到外部世界的规律。婴儿获得的所有认知，不论是语言规律、物理原理或是社会规则，都是从亲身体验的日常鲜活经验中推断而来。让三个月大的婴儿坐到课桌前，对他说："听着，要知道这很重要。看看这个苹果，看到没有？苹果掉下去了。所有东西都会落下，这是地球引力。明天，我要和你讲讲句子里的动词。后天我们要一起看下人际关系，看看人们是如何主动和喜欢的人打招呼。最后，我们再聊聊酸甜苦辣咸几种不同味道。"完全没有必要这么做，也幸好我们都不会这么做，不然一定是费心费时，又挫伤了孩子的积极性。我们只需陪在他身边，需要的时候给他解释，放手让他去"生活"，扔东西，玩沙子，光脚玩水、踩草地、踩石板路，和他一起开怀大笑，阳光灿烂时带他感受沙子的温度，不会玩球的时候教他如何抛球和接球。桌角上用来烧鱼的一块柠檬被他好奇地咬了一口，我们可以对他说："你瞧，是酸的对吗？"孩子不仅自己体验，也在认真地观察，我们在他们面前和别人交谈，我们对哥哥们行为的反应。他们感受着我们的一言一行，学着应对不同的社交环境。

每一次孩子认真地体验、仔细地观察，他的大脑都经历着重组，创造出新的神经元联结，或者抹去旧联结，激发曾经耳听眼见的亲身体验，获取新发现。孩子不需要一本正经的说教。他需要的是生活，不断地体验生活带给他的各种碰撞。

在西班牙生活期间，我给母语不是法语的孩子们上法语课。不论我如何激情满满、一堂不落地教，这些孩子的法语水平依然比不上家里有一个只说法语、不会说西班牙语的哥哥或姐姐的孩子。再资深的老师、再专业的授课，也比不上一个有效的语言环境。我收到很多邮件求教“如何教小孩学外语”，答案很简单，甚至可以说是太简单，简单到让人难以接受。我们不是教外语，我们需要的是创造一个浸入式环境，让孩子的大脑自然地用新语言思考、组词造句，并给予适时的指导。仅此而已。随着逐渐熟悉新语言，孩子惊人的可塑性智力可以使他们自己领悟语言的内在规律。人类本能的习得机制尤其在生命早期几年格外活跃，具有超强适应性，能够感知外部世界的复杂性并毫不费力地进行分析。这种能力已成为全球最顶尖科学家日夜研究的对象，他们渴望能复制出一个同样强大且自主自动的人工智能。

2

儿童习得的自然法则

当今神经学的研究发展，让我们更好地了解到人类自幼就开始自学，而且可以处理非常复杂的信息。儿童借助重复体验和可塑性智能不断积累和处理大量信息，从中推断出事物的规律。这种能力帮助儿童的潜意识“预测事物发展——不论是人际关系、语言或是物理现象——的可能性”。

我们已经谈过，四个月大的婴儿面对的即使是陌生的语言，只需短暂的几分钟就能提炼出规律，期待在下一次对话中能印证自己的结论。就像我们上文曾提及的情况，如果和他所预计的不同，婴儿会呈现出惊讶的表情。在实际生活中，出乎意料的事会激发孩子的强烈探索欲望，他们会渴望再次尝试，试着去理解并尽快修正自己的想法。

孩子渴望修正他理解和不理解的事，我们称之为好奇心。这种禀赋绝不是调皮捣蛋……甚至可以说是人类习得机能的构成元素。在好奇心和求知渴望的驱动下，孩子总是不顾危险，违背禁令。对他来说，首要任务是理解外部世界，修正内心想法，他必须弄明白，必须不断进步。所以，当研究者开心地向孩子展示重力的特例时，孩子会马上抓住那个挑战他内心规律的小汽车或者小球，认真地研究，巴不得马上弄明白到底是怎么回事。

为了能搞明白，孩子会再次尝试，以便大脑调整认知和概率计算。亲身经历了各种真实有趣的现象之后，孩子的神经元联结高速重组，最大化地适应外部世界。成人同样也拥有这种自主学习的机制，我们才得以不断接受新知识，也能从生活的经验教训中不断修正自己的思想。不过和儿童不同的是，我们有时会忽略现实和内心想法的差异，不去修正原有的成见。这一点非常遗憾，我们总是容易固执己见。儿童则不一样，他们极少被教条所禁锢。研究儿童习得机能的国际专家阿利松·格普尼克曾写道："孩子知道，他们可以本能地随时重新审视这个世界。"[1]

只有亲身经历，发现不同，孩子才会以最快的速度学习

1 Gopnik, A. (2010), *Le Bébé philosophe*, Le Pommier.

和深化知识。每一天早上，他们都比前一晚懂得更多，而且还将在新的一天中不断学习。四岁的孩子比两岁时懂得多，两岁时也比一岁时懂得多。这就是为什么婴儿需要很长时间睡眠的原因！他们经常玩得筋疲力尽，虽然我们看不到，但是只要我们和他们说话，或者仅仅是陪伴，他们就无时无刻不在分析和提炼各种物理规则、语法规则和生活法则，速度和效率如此之快，堪称集诺贝尔物理学奖得主的和文学奖得主的才华于一身。

这种学习机能是一种非同寻常的智力，大自然赋予儿童最强大的学习能力，让他们发自内心地渴望学习。每一次错误的预估都会促使他们的大脑分泌多巴胺，激发好奇心。多巴胺是一种脑内分泌物，传递兴奋和开心的信息，帮助儿童不断降低所知和所不知之间的差距。不仅如此，多巴胺还能传导记忆! 也就是说，当孩子发现自己预估错误时，他会产生好奇心，去学习探索，记住之前不懂的事，记忆力得到不断加强。所以，当你看到孩子产生了兴趣、好奇心和激情，请鼓励他，帮助他，他通过自发主动地探索所学到的东西最牢固。神经学研究证明，好奇心越强烈，记忆越活跃，学习越积极。[1]

---

1 Dehaene, S. (17 février 2015), «Fondements cognitifs des apprentissages scolaires. La mémoire et son optimisation», cours au Collège de France, disponible en ligne.

在热讷维耶，我们甚至可以看到一个令人惊讶的现象：孩子在自主选择的活动中所学到的知识，经过假期之后，不但没有忘记，甚至掌握得更加牢固！比如曾有几个孩子，在寒假前几天自己摸索[1]拼读规律，寒假回来之后，我们发现他们的应用更熟练了！孩子们不仅仅增长了知识，而且用得更加熟练！

从体验中学习

人类在不断的体验和修正中学习前进。当预测不同于实际结果时，他会感到意外，从而格外关注，并试图找出原因。大脑会修复神经元联结和检查各种联结可能性。如果状态不够积极，大脑不会主动预估，也不会去修正错误，那么获得的新知识为零。曾有相关的迷宫小白鼠实验证明了这一点：一部分小白鼠多次在迷宫中奔跑、碰壁、自己寻找出口；另一部分小白鼠被放在小推车上引导至正确的出口通道，当把它们再放入迷宫中时，它们无法像那些自力更生的小白鼠一样快速找到出口。亲自体验过迷宫壁垒的小白鼠，获得了经验，知道如何预判，而没有体验过失败的小白鼠则一无所获。

1 自发性，来自内心的驱动，不同于外在因素的驱使。

这便是首要法则：学习，就必须积极投入，亲力亲为，意识到错误后马上纠正经验判断。有意思的是，孩子在主动参与的活动中遭受到失败，他会马上更正错误，重新尝试，无须依赖大人的帮助。这种自发的学习最为有效。

即使是能言善辩、博学多才的教师，也无法单纯依靠说教，把知识直接灌输到学生脑子里。孩子必须启动学习机制，自己判断，自己经历失败才能纠正错误，巩固知识。别人的经验、错误和教训，往往很容易遗忘。唯有身体力行，才终能获得知识。曾有著名教育家说过："经历就像蜡烛，只能照亮举着它的人。"所以，教育必须身体力行。光听不练，学不到知识。对此仍有疑虑的人，可以参考一项由220份实例得出的研究结果：通过对比传统公开课和鼓励自主的体验课，清楚地表明鼓励自主的体验课的成效明显优于传统公开课。此研究涵盖了多个科目，生物、化学、心理学、计算机、地理、数学、物理、工程。[1]现在我们知道，不论是理论还是实践，学习都必须主动且身体力行。

不过，在此必须要明确的是，研究指出儿童的主动体验是最佳学习方式，也指出任由儿童单纯依靠自学去探索发

1 Freeman, S., Eddy, S. L., McDonough, M., Smith, M. K.,Okoroafor, N., Jordt, H. & Wenderoth, M. P. (2014), «Active Learning Increases Student Performance in Science, Engineering, and Mathematics», *PNAS*, 111 (23), pp. 8410-8415.

现科学知识，这种做法过犹不及。研究者里夏尔·马耶尔(Richard Mayer)经过了十多项调查[1]后发现，放任孩子依靠纯自学去发现科学规律，比如信息编程、语法规则、数学定律，是非常困难的事，而且学习效率很低。这些调查持续了几十年，长跨度提供了很有意义的视角。虽然人类生来可以通过自身体验获得知识，但这不意味着所有人都可以不依靠任何帮助，自学成才。儿童可以自己学习获得知识，但仍需要他人的帮助。

他人的指导必不可少

今天的人类学研究表明，想要获得知识，就少不了社交纽带，虽然孩子具备强大的自学机制，但是仍离不开别人的帮忙，需要有更懂的人指导，向他指出需要重点关注的地方。

孩子的这一需求，大人们要尽力满足。从孩子出生之日起，大人就进入指导者的角色，在不知不觉中言传身教。您是否注意到，即使不是自己的孩子，我们和小孩说话的方式也会下意识有所不同？“你好呀，你真可爱，真的太太太可

1 Mayer, R. E. (2004), «Should There Be a Three-Strikes Rule Against Pure Discovery Learning ? The Case for Guided Methods of Instruction», *The American Psychologist*, 59 (1), pp. 14-19.

爱了！”似乎所有宝宝都更喜欢这种有重复语段、母亲般的说话方式，而不是大人惯用的说话方式。研究者认为，这种讲究语音语调的说话方式，有助于婴儿更好地辨识母语的发音、音调和语法规则。连小孩都会不自主地用这种方式和小婴儿说话！新生儿学习能力很强，不过似乎旁人也自动担负起帮助新生儿的角色。当我们下意识地评价宝宝时，我们就在无形之中帮他学习理解这个世界，规划自己的行为，优化语言表达。“你看，拿着这个积木，放到另一个积木上面。哎呀，积木倒了。真好！你又捡起来，重新开始搭！”

研究表明，婴儿尤其在意大人这种自然而然的教导姿态，他能马上意识到大人试图在传递信息，会变得警觉，瞬间进入学习模式，认真自信地吸收大人教授的知识。如果大人不愿费心注视着宝宝，不愿用热情的语言对他说话，或者用手指出身边的某件东西，那么宝宝可能就会彻底忽略大人的教导意图。目光、手势和亲和的音调，对孩子来说，是一种“赤裸裸的社交信号”，意味着接下来将会有重要的指导。这时，孩子的注意力会格外集中，学习机能被激发，时刻准备着吸收新知识。

如果孩子没有看到这些信号，注意力不集中，完全可能忽视了身边那些即使很明显的事物或现象。现在我们知道，如果没有和大人之间的“共同关注”，幼儿将会彻底或者几乎得不到任何语言上的学习。[1] 对于新词语，如果大人在说出的时候没有指出对应的物体，没有让幼儿注意到单词对应的物体，幼儿便无法记住。动画片就是一个例子，即使是那些标榜教育的动画片，除非是给大人看（我认为可能性微乎其微），只要是给幼儿看的，只要幼儿是独自坐在电视机前，那么他们能记住的、能学到的知识微乎其微，甚至可能一无所获。

专注于婴儿语言习得的神经学学者帕特里夏·库尔（Patricia Kuhl）曾做过一项研究，结果惊人地展示了这一现象。还记得我们上文曾经提及九到十二个月大的幼儿吗？九个月大的幼儿可以识别世界上所有语言的语音，但是三个月之后，也就是到了一岁大的时候，在大脑神经元修剪活动之下，幼儿只能辨识出他最常接触的语音了。大脑变得专业化。帕特里夏·库尔和团队希望通过研究，测试人类大脑在批判期也就是一岁之前，对经常接触的第二种语言的记忆深度。接受测试的九个月大的幼儿全都来自英语环境，研究者

1 Baldwin, D. A., Markman, E. M., Bill, B., Desjardins, R. N., Irwin, J. -M. & Tidball, G. (1996), «Infants' Reliance on a Social Criterion for Establishing Word-Object Relations», *Child Development*, 67(6), pp. 3135-3153.

让他们开始定期听中文，一共12次，每次25分钟。[1]

整个测试很巧妙地分为三组：第一组幼儿有中国人陪同，给他讲中文故事，和他用中文互动；第二组幼儿也是和同一批中国人交流，同样讲故事和互动，但是通过视频完成；第三组幼儿则只听中文录音。研究者预计第一组和第二组幼儿在一岁之后都同样可以辨识出中文语音。结果出乎意料：面对面和中国人交流的幼儿，可以同中国幼儿一样，辨识出中文语音；只听中文录音的幼儿，和看中文视频的幼儿一样，彻底记不住中文语音，一点儿都记不住。没有面对面的交流互动，即使是好看的视频，幼儿依然什么都记不住。帕特里夏·库尔在《国家地理》的采访中说道："当时我们都震惊了。这彻底改变了我们对大脑的认识。"[2]缺乏温和的指导，没有手势，没有和大人之间的共同关注，幼儿复杂的学习机制根本无法对听到的语音信息"做些什么"。

正是这样的试验告诉神经科学研究员，语言能力、认知能力和情感发展，需要借助"社交纽带"。大人根据孩子手指的方向，告诉孩子这是什么，这种即时的回应和互动才是

1 Kuhl, P. K., Tsao, F. M. & Liu, H. M. (2003), «Foreign-Language Experience in Infancy : Effects of Short-Term Exposure and Social Interaction on Phonetic Learning» , *Proc Natl Acad Sci USA*, 100 (15), p. 9096-101.

2 Yudhijit Bhattacharjee, «Les secrets du cerveau des bébés».

真正的语言学习。而且，接收大量信息之后的神经元修剪，有助于幼儿筛选出那些因为有了目光、声音和手势而显得重要的信息。有了这些互动，比如大人用手指出身边的某一件东西，看着某一件东西，或者用不同的语气和孩子说话，孩子的注意力会被激发，可塑性机制被调动，进入学习模式。

所以，我们大人如果想教孩子某样东西，那么就要努力建立和孩子的“共同关注”。也就是说，这种互动关系，是必不可少、无法忽视的学习条件，大人和孩子之间的互动如果是一对一，那么学习效果将更为明显。当然，如果同时面对几个小孩，就很难持续关注同一个孩子。如今，我们真的很需要重新审视现有的教育模式，让人类智慧得到应有的发展，越个性化的指导，显然也越人性化。这一点毫无疑问。虽然幼儿在生命初期具备强大的学习能力，但是想要实现对这个世界的体验，高质量的引导必不可少。

在幼儿的关键可塑期，借助智能手机和平板电脑来增加孩子的体验，教授词语、算术或者是外语，就像电视中经常播放的那样，这种教育方式的效果真的得到印证了吗？真的是有效或者宣传有效的蒙台梭利教学法吗？实际上，这样的教学法对幼儿来说，成效微乎其微。主要有两点不合适：

首先，这种教学法剥夺了学习所必需的人际互动。独自坐在屏幕前、缺乏与他人热情互动，对学习来说是白费时间，不会真正有所收获。

其次，屏幕教学彻底破坏了孩子的注意力系统。看到他们睁大眼睛、全神贯注地盯着屏幕，我们以为这是注意力集中的表现。我们完全想错了。睁大的眼睛表明他们处于关注状态，而不是学习状态，只是一种“警觉”。孩子的大脑受到大量陌生的图片影像刺激，进入一种随时准备进攻或者自卫的警觉状态。这种警觉机制，其实只能持续几秒钟，但是长时间刺激警觉系统，会让孩子大脑处于持续疲劳状态，当我们真正想要教授知识的时候，他已经难以再集中注意力了……无法集中注意力听大人讲授知识，是一个很严重的问题，因为我们知道，孩子能够跟着大人共同关注某件事物，是孩子语言发展和未来社交能力发展的重要条件。[1]

可以说，屏幕就像是一个邪恶的包围圈。当今，有多少教师和语言治疗师都有同感？我不想细说幼儿过早迷恋屏幕的弊端，我只想告诉大家我的真实所见，因为我们切切实实看到迷恋屏幕遏制了孩子的智力发育。只要上过几天课，就

---

1 Tenenbaum, E. J., Sobel, D. M., Sheinkopf, S. J., Malle, B. F. &Morgan, J. -L. (2015), «Attention to the Mouth and Gaze Following in Infancy Predict Language Development», *J Child Lang.*, 18, pp. 1-18; Carpenter, M., Nagell, K. & Tomasello, M. (1998), «Social Cognition, Joint Attention, and Communicative Competence From 9 to 15 Months of Age», *Monogr Soc Res Child Dev.*, 63 (4), pp. i-vi, 1-143.

可以很容易辨识出那些经常看电视，甚至伴着电视入眠的孩子。我们用眼神、声音或者手势邀请这些孩子去关注某件事物，可他们却很难集中注意力。他们的注意力似乎很不稳定，被过度刺激，大脑疲惫，只有电子屏幕才能引起他们的注意。和父母的交流也印证了我的推测。这些孩子每天在电视机或平板电脑前的时间超过4小时，而且是在上了6小时的幼儿园之后，甚至有些孩子的婴幼儿时期都是伴随着电视机度过的……他们的注意力、语言能力、积极性和社交能力的发展，受到了严重遏制。

家长们并非出于恶意，恰恰相反，他们仅仅是以为那些少儿节目是一种专为少儿制作的适合的教学手段，可以帮助孩子学习语言。的确，有些少儿节目正是这样鼓吹自己的。最近甚至还出现了针对幼儿的“蒙台梭利软件”……就是这些让积极的家长认为屏幕是一种绝佳的教育工具。

专注于研究少儿习得的认知心理专家阿利松·格普尼克曾写道：“当我们知道科学真正揭示的现象时，我们就会对那些号称秘诀的伪教育法抱有怀疑的态度，比如那些能让孩子更聪明更智慧更博学的捷径，那些用莫扎特交响乐碟片培养未来天才的教学游戏或机构。我们对孩子的所有认识都告诉我们，依靠机器的互动不仅毫无作用，而且更糟糕的是，会破坏孩子与大人之间天然的互动联系。”[1]

在这件事上，政府的不作为导致了在教育上的很多遗憾，诸多有识之士都明确指出了这一点。相关研究更加立场鲜明，一些国际科研项目特别提醒我们要引起重视。[2]我们知道，长时间待在屏幕前会彻底破坏孩子的注意力系统。每天看电视时间长达几个小时，会让孩子错失更为宝贵的时光，无法积极地投入和大人的互动之中，注意力机制得不到发展，也可以说是行动力缺乏，无法实现激发活力的体验。孩子越沉迷于那些屏幕里的关注力干扰物，他在现实生活中就越难集中注意力。

在热讷维耶试点班里，早上8点入学时，我们一眼就能看出哪些孩子出门前看过30分钟动画片，因为这些孩子明显有倦态。进了教室之后，他们要么讲故事的时候躲在图书角的角落里打盹，要么无法投入课堂活动，根本集中不了注意力。我记得有个孩子甚至一分钟都坐不住。显然，在这种情况之下，他连五秒钟的定力都没有。注意力不集中的结果显而易见，那就是学不到东西，或者学得很少。将近两年里，我们一直尝试用各种办法改善这个孩子的注意力。安

1 Gopnik A., Meltzoff A. & Kuhl P. (2005), *Comment pensent les bébés ?*, p. 277.

2 Desmurget M. (2012), *TV lobotomie*, Max Milo.

娜每天都会花时间陪伴他，试图用各种调动注意力的有趣活动吸引他专心投入。两年的努力是徒劳的，我不得不面对现实，如果这个孩子继续每天看上好几个小时的电视，注意力机制不断被干扰，他就无法静下心来，专心学习。这个孩子很可爱，活力十足，但是整天骚扰同学，大声喊叫，难以控制自己。我多次提醒他父母，请他们尝试着连续几周减少孩子看电视的时间。可是我的建议没有被采纳，这个小男孩还是每天看好几个小时的电视。

两年之后，我能够为这个孩子做的，就是推心置腹地告诉他父母，如果他们不帮忙，我们真的无能为力了。其他孩子都进步显著，可以轻松快乐地进入学习状态。这时候，他父母才开始紧张起来。我只能说："对不起，我真的尽力了。前两周我甚至决定，每天6个小时我只教你们的儿子，唯一希望的就是他能够提高注意力，专心于某一个课堂活动——不管是什么活动，只要他能够定下心就行。但是，我要告诉你们，如果我们不能共同分析原因，对症下药，而仅仅是我一个人在努力，那我做得再多也是徒劳。现在已经是第二年，我一直尝试着改变你们的孩子，你们都知道，我尽了全力。但是已经两年了，如果孩子还是每天这样长时间地看电视，我只能说，我无能为力。而且，现在这种情况，已经不是少看电视的问题，而是应该彻底不看电视。”

两位父母很认真，态度也很好，他们和我认识了两年，很清楚我对他们儿子和班上其他孩子的尽心尽力。我们之间尊重有加，相互信任。他们明白，我对孩子没有任何偏见，只是一心想帮助他。终于，他们接受了我的建议。我请他们先试三个月。之后的那个周末，他家里所有的电视都被搬到了地下室。就这样“断奶”仅仅三周，我们就看到了远超意料的改变，这个男孩渐渐不再那么好动不安，可以静下心来像同龄孩子一样看书了。据我所知，从此之后，他家的电视机再也没有离开过地下室。

所以，孩子想要有效地学习、了解身边的世界，就需要我们的帮助。看电视，或者放任自由、毫无章法地瞎玩，孩子是学不到东西的。采取最合适的态度，帮助他们开始认识这个世界，其实并不是一件复杂的事，只需要顺其自然，听从内心，别让压力、手机和各种社会焦虑所干扰。陪伴着孩子，耐心地回应他的每一次好奇、每一个提问，一朵漂亮的花，一只蝴蝶，朋友的一个态度，某种食物的味道，告诉孩子中肯的评价，准确地回复孩子的疑问，也别忘了让孩子表达自己的想法。完整的亲子关系需要家长随时回应孩子的交流需求，这种一对一的和蔼可亲的回应，可以说是这世上最有力的教育支持，让孩子智力得到充分发展。大人肩负引导孩子注意力的重任，而注意力是学习机制的关键要素。当今，针对大人和孩子之间本能互动的研究，学者们使用的术语是“自然教育学”[1]，我对此尤其感兴趣。

亲子互动可以说是知识传递最自然的途径了，孩子从耳闻目睹中获取重要知识。热纳维耶幼儿园里，我们尽可能地保护孩子和大人之间的这种自然互动，而且是完全量身定制的陪伴。每一次课堂活动，每一个重要内容，都是两三个孩子小范围甚至是一对一地教授。只有这样，我才能保持全部热情，全身心地照顾到每一个孩子的兴趣点和需求。独立的孩子可以自己建立与身边世界的联系，一整天都可以自由选择想要做的活动，自己完成，或者找一两个同学一起完成。

孩子需要我们的支持，不过要注意，研究同时也表明，过度的支持反而令孩子止步，因为没有留给他探索的空间，他自然会失去积极性，不再热情投入。所以，应该是润物细无声，而不是狂轰滥炸。给孩子钥匙，让他自己打开探索之门。比如阅读，我们只需教自然拼读，随后让孩子自

1 Csibra, G. & Gergely, G. (2009), «Natural Pedagogy», *Trends Cogn Sci*, 13 (4), pp. 148-153.

己去解读单词，或者和同学一起探索一串字母背后的含义。这种方式更有效。鼓励孩子自己探索阅读，而不是由成人简单告诉他单词的发音，然后用超级复杂的方法，催着孩子机械地记下毫无意义的音标。没有充满新奇的探索，就没有激动人心的发现。

想要有效陪伴孩子，就需要找到折中的平衡点：支持，但不用力过猛，保护孩子的探索激情。只有通过不断摸索，犯错，失败，感受哪次过头了，哪次又不足了，反复实践，积累经验，才能不断修正与孩子的关系——我就是这样做的。想要获得最佳亲子关系的大人，首先要抱有友善的态度，接受各种错误，犯错而且只有犯错才能不断修正和孩子的交往。不论对大人，还是对孩子来说，关键是身边人不评判他的“错误”，因为孩子的行为不是真的犯错，而是摸索。我们认为不好的“错误”，其实是通向知识和娴熟的唯一途径。失败是成功之母。学习，就是尝试、犯错、纠正、改变的过程。只有这种与现实的不断冲突，才能让我们成长。永不犯错的人，将一无所获，停滞不前。

混龄教学必不可少

我们可以看到，不同年龄的孩子在一起，互相就会自然地担当起小老师的角色，一起探索世界，相互指引，相互提醒需要关注的要点，发自内心、循序渐进地以孩子自己的方式来交流经验、互通知识。他们自己教自己，不知不觉中就会进入学习状态。研究者在大家庭的兄弟姐妹相处中就发现了这一现象。[1]某一方面学得好的孩子，会在不经意间担当起老师的角色，他的“学生”也严肃认真地学，而且学得快记得牢。在大家庭或混合年龄的班级里，孩子们很独立，每天都在不自觉地相互学习，兴致勃勃、满怀好奇地吸收各种知识。

热纳维耶试点班有三个年龄段的孩子。我们可以看到，不可或缺的学习指导随处可见，孩子从大哥哥大姐姐那里获得了更多纠正错误的机会。单纯依靠一位老师，绝对不可能获得如此个性化的帮助和信息反馈。就好像每个孩子身边都有20多位老师，随时随地指出他的错误，帮助他改正。孩子无时无刻不在学习，进步显著。每天我都会感到惊讶，孩子们无须我的帮忙，就能掌握某种重要而且超前的新技能。有时候我甚至跟不上他们的节奏。事情完全变了，不是我催

1 Howe, N., Della Porta, S., Recchia, H., Funamoto, A. & Ross,H. (2015), «This Bird Can't Do It 'cause this Bird Doesn't Swim in Water" : Sibling Teaching during Naturalistic Home Observations in Early Childhood», *Journal of Cognition and Development*, 16 (2), pp. 314-332.

着他们去学习，而是我要让自己更加集中精力才能跟上他们的步伐！从这个极端到另一个极端，对大人来说，还真有些不习惯。但这种失衡是幸福的。我们见证了绽放的生命，我们乐于被这种生命力所震撼。小龄同学崇拜大龄同学，他们想跟着学，就像弟弟妹妹学哥哥姐姐一样。大龄同学的言传身教带有激发性，不会让人气馁，就像维果茨基所说的“最近发展区”[1]。这让孩子对学习兴致满满。

与此同时，年长或者学得好的学生，他们在不由自主地担当起小老师角色的时候，他们的神经元联结也再次被激活，知识得到巩固和强化。混龄班级，不仅仅对小龄孩子有益，大孩子在帮助同学的时候，也会很快发现他们所不懂的单词，他们必须学着表达清晰，循序渐进，灵活变化，有耐心，热情友善。这样做不但巩固了自己的知识，还加强了发展和成功所必不可少的认知能力——自控力、记忆力、规划性、灵活性。不仅如此，他们还学会热情回应别人的需求。为了帮助有困难的同学，他们展现出超强的创造力，为不同同学设想出不同的解决方法。

孩子们变身为真正的课程专家，成为乐于助人、反应敏

1 孩子在“最近发展区”的学习，是无法独立习得、必须在帮助下才能完成的学习。

捷、热情洋溢、灵活多变、有耐心、有创造力的小老师。当我们可以与内心本性相通，摆脱一切禁锢时，我们就会愈加发自内心的尊敬和崇拜。

孩子们采用的自然教学法，还不是混龄班唯一的有趣优势。跟着大孩子学习的不仅是知识，还有行为举止，尤其是语言能力。这种潜移默化的教导，在传统的单一年龄段班级里是无法实现的。很显然，语言水平或者行为水平相当的同学在一起，能相互学习的自然不多。如今学校所采取的，正是自然法则所认定过于冒险或者说过于局限的方式，那就是指派一名老师担负起所有教育任务。所以，轻松一点儿说，如今幼儿园的孩子唯一的知识来源就是一位老师，孩子渐趋成熟的大脑需要源源不断的供给，面对20多个嗷嗷待哺的孩子，这位老师即使三头六臂也难以应付得来。

换一个角度看，大人筋疲力尽，孩子的渴求又得不到满足，那么就让孩子们自给自足。让大人和孩子都得到解放，让成长成为一场幸福的战役，让大人可以心平气和、温柔可亲、面对面地指导，双方都能受益匪浅。首先对孩子来说，虽然孩子间的交流和经验传授较为简单，但他不用整天费尽全力去听大人的话，跟随大人的节奏。老师同样得到极大解放，可以稍微放松，有时间恢复体力，不再一切独靠一人，不再时刻紧张得无法休息，整天疲惫不堪。脱掉枷锁的老师，不必忙着维持秩序、控制每个学生，她可以跟随孩子的节奏，根据每个孩子的天性来指导。她不再单枪匹马，大孩子们会兴致勃勃地主动担当起助教的工作。

混龄教学也让所有孩子能接触到形形色色的行为举止，自然而然地感受、理解比同龄交往更为丰富的社会关系。热讷维耶试点班里，借助混龄教学，孩子的社交能力得到了显著进步，他们学会了帮助别人，学会了如何沟通，学会了不同的思维模式，年龄小的孩子学会了大孩子的社交技能，渐渐地，他们也懂得了如何用更为细腻和恰当的方式来和同学打交道。家长们也纷纷反映了这些改变：孩子不再害怕和人交往，变得活泼友善，有礼貌，会帮助小朋友，甚至看到大人有需求也会上前去帮忙。混龄教学不仅是学业的催化剂，更是情商和社交能力发展的助推剂。强迫孩子总是与同龄孩子在一起，是一种认知剥夺，也是社交和情感的剥夺。在热讷维耶试点班里，三岁、四岁和五岁的孩子每天都在一起。我们在当时只能做到这一步，不过在将来，我们将继续拓展经验，增加更多年龄段的孩子。

我们也注意到，多样化的社交环境带来强烈的融入感和安全感。小龄孩子因为有大孩子在，他们感到更加安心，也更兴奋。开学时，很少有三岁孩子因为初次入学离不开父母而哭哭闹闹，因为当他们一走进教室，看到大哥哥大姐姐都在开心地做活动，他们的消极情绪一下子就被好奇心驱散了。他们看着哥哥姐姐，都被吸引住了。不需要我们特别关注，他们可以安静地观察着身边的一切。他们不用马上加入活动，不用遵守生硬的课程时间。他们有足够的时间来观察哥哥姐姐在幼儿园的生活，慢慢熟悉新环境。

孩子之间的热情是不可替代的，让人感到舒服和安全，只有这样，小龄孩子才会安心地探索和试着融入新环境。同龄孩子在一起，不会有如此强烈的安全感和自发的互助热情。看着教室里孩子们的一举一动，我经常会被打动。最让我感动的是孩子之间自发的互助互爱，不是因为孩子的友善慷慨举止，而是因为这些无私、有耐心的行为是自发的，不是我们刻意去激发的。我们只不过是提供一个让孩子得以释放天性的环境：第一步其实很简单，就是让不同年龄的孩子可以在一起共同成长，第二步就是安娜和我每天践行的“亲社会”举动，孩子们不由自主地学习我们，我们总是尽可能心平气和，有耐心，说话清晰易懂，倾听孩子的心声，随时回应，亲和友善，对孩子如此，大人之间也是如此。该坚持原则的事我们也不会妥协，决不能让孩子在混乱无序中成长。

我们热情、平静、随和的态度，是孩子建立良好的社交心态的基础。我们曾说过，孩子的大脑可塑性会记录我们日常的一举一动和一言一行。所以，我们必须格外注意自己的言行举止。我们会花时间倾听闹情绪的孩子的心声，理解他们，帮助他们平复情绪，总会尽全力给孩子最恰当的回复，不带任何偏见。遇到冲突或者情绪问题时，我们会帮助孩子平缓情绪，向他们说明和解释情绪状态。一旦有强烈的情绪产生，我们鼓励孩子对挑起情绪的同学表达出来。这么做有两个显著好处，一是可以马上安抚被挑衅的孩子的情绪，二来可以教育挑衅的孩子学会友善待人，让他意识到自身行为所引发的后果。语气平缓地描述情绪，让其他同学可以感受到，即使有矛盾冲突，大家还是同学。我们一直致力于建立良好、温厚而不是断裂的人际关系。对有些孩子来说，在最初的几周，要做到争吵时依然保持友善的心态是一件很不容易的事，不过经过不断的灌输引导，建立信任之后，他们的行为习惯发生了改变。

这不是简单地说句对不起，而是学会关照别人的情绪。“对不起”有时候真的是发自内心的真情流露，有些孩子反而会为自己挑起的情绪而热泪盈眶，因为没有大人指责他们，同学也不会指责他们，所以他们很放松，可以感受到别人的情绪。我知道孩子可塑性很强，但是当看到孩子们之间这种发自内心的举动时，我真的特别惊讶，尤为感动。实践几天之后，就看到有些孩子懂得照顾需要安慰的同学，有时是同龄小朋友，他们甚至会做和我们一样的动作，说一样的话！对我们来说，这是多么让人欣慰的事。我们甚至看到年纪小的孩子去安慰比他们大的孩子。这一幕真的太让人高兴了！孩子之间的友善和热情，是我最记忆犹新的事情！充满爱的举动让人感动，更加坚定了人心向善的信念。经过这段独特的尝试之后，在随后的研究中，我看到了可以打造一个如同现实生活的环境，孩子从年长者身上获得言传身教，也从小婴儿身上获得体验，最终创造一个大家可以共同生活、不再分离的真实空间。

混龄教育不只是一种选择。在学校里，我们从来没有见过十几个三岁的孩子开心地手牵手一起学习，他们不会这么做。相反，他们想要找不同年级的小朋友，大哥哥大姐姐，或者弟弟妹妹。强迫孩子只和同年级小伙伴在一起，是一种社交限制，一种对认知和情感的严格管制。

人天生就懂得和年长或年幼的人共同学习。一起玩，一起学习，一起无拘无束地互学互教，这一切让孩子感到无比快乐和放松，就好像是天性使然。教室变成一个好胜心迸发、携手共进、自由绽放的地方。

内在动力[1]

积极投入，得到别人的帮助，混龄生活，是少儿学习的三个基本要素。不过要明确的是，这还不够。就像学编织，如果让你们自己来编织，你们会自己动手做；如果告诉你们几个关键技巧，那么你们可以由此获得帮助，做得更好；但是如果你们对编织根本毫无兴趣，即使会在陪伴下动手做，但是显然学不到什么。的确，如果缺乏好奇心，记忆的活跃度将大大减弱。对学习来说，我们需要感兴趣，需要投入学习中，才能刺激记忆，激发积极性，学得更快更多。

我碰到很多成年人，从小就一直学不好，总是记不住知识点。他们觉得自己很笨，什么都学不会，直到有一天，有些人被某件事深深吸引，尤其着迷，他们突然间发现自己不仅很会学习，而且可以在很短时间内记住大量的信息。

我要明确的是，想要真正地高效学习，那么学习动力必须是自发的，也就是来自学生自己。只有这样的自主性才能

1 来自自身、内心深处自发的动力和积极性。

激发动力，让他们专心专注，充满激情，不断前进。这种动力能助人不断重复做同一件事，甚至都感觉不到时间流逝。

其实还有另外一种动力，来自外界的外在动力。比如说有目的性的学习，为了得到一双新篮球鞋必须在考试中拿高分，而不是因为喜欢某一门功课而认真学习。有了外部动力，孩子的学习成绩应该会比毫无动力要强，只可惜考完之后知识遗忘也很快，就像拆掉新鞋子的包装盒那样快。

不要以为让孩子自主选择喜欢的活动，他们就不会选择数学、历史或地理这类学科类活动。恰恰相反，只要是以生动活泼、浅显易懂的方式呈现，孩子都会着迷，孩子天生就能领悟完完整整、真真切切的文化内涵。热讷维耶试点班就是例证。孩子自主活动，阅读、算术、地理、几何、音乐、画画、过家家都令他们着迷。为什么会这样呢？因为所有文化知识都以一种简单易懂、清晰完整、引人入胜的方式呈现出来。在本书第二部分，我们将进一步讲述其中的一些课堂活动形式。当然，每一个孩子或许都有自己更为喜欢的领域，我们可以看到班上的某些孩子几乎一整天都在看书，有些孩子则一次次地玩复杂的世界地图拼图，一边复习各个国家的名称（有几个孩子甚至能记住非洲所有国家的名字和地理位置），还有些孩子将大部分时间用来画画、折纸、研究植物的名称、聊天、思考。重要的是，每一个孩子都可以从喜欢的事中获得基本知识，自由发挥，不断丰富内心的激情。这样的教育实践，让孩子可以培养个性和独立人格，不会因为性格各异、水平各异而产生相处问题。每个孩子保有自己的本真，各自拥有擅长的方向。在这样的环境里，有各种不同的个性很正常，而且他们的确个性彰显，因为孩子就是这样的。

犯错的重要性

犯错是必不可少的过程，是无法回避的道路，是与现实的正常冲突，让我们得以修正观念，让知识更为准确。研究者的表述更加准确：只有当预见与现实冲突，才会学到知识。[1] 失败是成功之母。然而，很多时候，犯错被当作一种“缺陷”，人们总是试图避免犯错。这么做显然大大阻碍了学习的步伐。往往从幼儿园开始，孩子们就被禁止犯错，就算不是借助成绩单，这些禁止也会从老师的批评或表扬的言语间表露出来。一句表扬就让犯错变得不可接受。其实，我们应该正确看待犯错。犯错，仅仅是一种反馈，提醒你要纠正预测偏差。没有犯错的孩子不应该被格外疼爱，而应该让他

---

1 Rescorla, R. A. & Wagner, A. R. (1972), *A theory of Pavlovian conditioning: Variations in the effectiveness of reinforcement and nonreinforcement*, Classical Conditioning II, Current Research and Theory (Eds Black AH, Prokasy WF), Appleton Century Crofts, pp. 64-99.

接触更加复杂的事，不断和别人作对比。禁止犯错，抬高那些不出错的孩子，这种做法阻碍了学习，阻挡了所有人的前进之路。

传统教育的做法，恰恰阻止了学习。让孩子做一些他们不感兴趣的事，当孩子尽力投入时，他们难免会犯错，犯了错又遭到批评，于是孩子的探索欲被打断，自然的学习机制也被扼制了。厌恶、挫折感、自卑，甚至愤怒，都可能造成恶性循环。我们是否可以创造一个内容丰富、高质量的学习环境？在这里，我们提供用心筛选过的丰富多彩的课堂内容（也让孩子有机会自己提议一些我们意想不到的新内容），给孩子机会暴露错误，理性对待错误，孩子可以选择自己喜欢的课堂活动，认识错误而不会感到“罪恶”，自己更正错误，一次次不断地尝试，直到达到满意的结果。自发地一次次重复，巩固了知识，提高了自学能力。通过这种学习法，孩子学得又快又好。

当孩子再也不害怕犯错时，他们就能得以发展自己的独特性格、平稳的心态、自信心和创造力。

丰富多彩的现实世界

既然大脑从对这个世界的亲身体验中获取能量，那么把孩子与这个丰富多彩的现实世界隔离，就是一件极端冒险的事。研究表明，千篇一律、毫无新意、缺乏社交、缺乏自然的身体运动的严苛环境，会危害智力发育，遏制大脑的可塑性发展，甚至对成年人也是如此。相反，一个类似“自然界”的环境，也就是说多样化的社交互动，正常的身体运动，不同的认知激发，将会令孩子重新开启可塑性，重拾学习能力。[1]

所以，没必要为孩子创造一个超级激励的动力环境，只需要让孩子不要脱离现实生活，不要与丰富多彩的现实隔离。为孩子提供一个“自然、生动、有活力”的环境，孩子会融入文化生活，参与日常活动，和不同年龄的人进行各种交流和互动，在户外玩耍，观察研究大自然，满足各种好奇心和身体运动的需要。身体运动根本无须做过多教学准备，让孩子爬树就足够，爬上矮树墩，登上小山包或者石堆。可以经常在户外大自然玩耍的孩子，运动能力更强，尤其是平衡性、协调性和灵活性。而且他们敢于根据自己的能力尝试难度动作。[2]

---

1 Donato, F., Rompani, S. B. & Caroni, P. (2013), «Parvalbumin-Expressing Basketcell Network Plasticity Induced by Experience Regulates Adult Learning», *Nature*, 504 (7479), pp. 272-276.

2 Hanscom A., «The Unsafe Child: Less Outdoor Play is Causing More Harm than Good», article du 6 mai 2015 pour la passionnante association Children & Nature Network.

不需要发明与众不同的道具，只需要让孩子融入生活，让他们得以茁壮成长。孩子想要的，不是新型教学法，而是已经存在的这个世界。孩子想要在大自然里玩耍，植树种花，照顾小动物，一起参与保护环境。他们想要用生动活泼而不是教条僵硬的方式来感受文化，获取前人的知识，来交流、算术、读书、写字、进行地理探索、揭秘大自然，学习音乐、数字解码、生物、历史、考古，等等。如果我们能够用心将所有这些以有意义的方式教给孩子，我们很快就会惊奇地看到，他们把容易分心的玩具放在了一边，全心投入研究这个新世界，理解这个世界，渴望变成了解这个世界的专家。

然而，虽然教育团队格外努力，如今的学校依然脱离现实，缺乏这个世界的生机勃勃和丰富多彩。教师们经常忘我工作，定期设计出各种丰富的新活动。但是说实话，这些活动都比不上大自然对孩子的吸引力，孩子在大自然里可以自由探索真实的世界。传统课堂活动和漂亮的图片，都比不上现实生活给予的真实感、复杂性和广度。孩子的大脑被充满活力、变化多端的世界深深吸引，不断探索直到筋疲力尽。

我们建造的校园，削弱了孩子原本强大的智力可塑性。

身边一切可以拿到的东西，都是孩子的知识源泉，但这却让我们感到烦恼，我们是不是总是抱怨“他们什么都碰”“一刻不停说话”“我一转身，他们不是交头接耳，就是做坏事”？敢于违背禁令的孩子，往往活力满满，因为他们的智力发育得不到满足，什么都想尝试，什么都想破坏，甚至敢于违抗我们。不惜冒着被惩罚的危险，违抗大人命令，并不是因为违抗能带来任何好处，也不是肆无忌惮，而是生命力本身的彰显和驱使。

我家前面有一所初中，从马路上就可以看到校园，全是灰色的水泥马路，一排排整齐的小方窗。唯独操场上的两棵树，才让这个出于严格的安全考虑而处处设防的校园显出一丝生命力。唯一的亮色是学校正门前的法国国旗，从未如此直白、如此朴实无华地展示着自由、平等、博爱这三个杰出的信念……每一次经过这样的建筑，我都不禁感叹，怎么能够让正处于蓬勃发展的孩子们在如此枯燥乏味的房子里学习？一天，我惊喜地发现，认为这种校园根本不适合发展的人不止我一个。那天大概是傍晚6点，回家路上，我再次经过学校，碰见一个大约两岁半的男孩，他站在学校门前，眨巴着眼睛，问他爸爸：“这是什么？是监狱吗？”“亲爱的，当然不是，这可是一所学校。”他爸爸回答道。

当然，并非所有学校都如此枯燥乏味，但绝大部分学校的确如此。

最近我收到一封邮件，来自一位对贫困区儿童发展非常关心的爱心人士，他告诉我，一个与国家教育署合作的非政府组织希望招收25名毕业于高等院校的“先锋志愿者”，从2016年学年开始，为巴黎东部的克雷特伊教育局下属的学校服务两年。这位爱心人士说道：

> 几年前从巴黎政治学院毕业后，我自荐成为一名法语教师。我的想法之一，是希望能弄明白法国教育不平等的根源，分析教育体制的运作，试验影像教学法。

最后，这位爱心人士询问我对于他的影像教学法的看法。我的回复如下：

> 请恕我直言，您可以随意使用各种影像，但是对我的学生来说，发展和学习所需要的是爱、自由、良好的社交和有意义的生活，而不是影像。您可以推进各种可能的影像化教学改革，放上屏幕，建造世界上最漂亮的校园，但只要不是致力于消除孩子与现实世界之间的鸿沟，一切做

法反而会加剧鸿沟。我就在教育优先区长大，我是过来人。对我们来说，这种教育体制的修修补补，只会令人更加失望，甚至可以说是让人恼怒。

我真心认为，丰富多彩的真实世界和亲身体验，是无法用几幅图像、几个人、几场精心准备的讲座甚或是几千台电脑可以取代的。国际学生评估项目2015年9月的报告也证实了这一点，报告指出："在教育上大量投入TIC[1]的国家，并没有显示出学生在写作、数学和科学这三门成绩上的显著进步。"看到了吗？硬件优化不是根本解决办法，需要的是彻底的变革重组。整个教学环境需要彻底改变：不管是儿童还是成年人，让他们可以本能地从充满热情、富有活力、复杂多变的现实生活体验中获得知识。

重返大自然怀抱

让孩子与丰富多彩的现实生活重建联系，同样也让他们得以重返大自然怀抱。孩子在四面高墙的小空间内度过太多时间，与丰富的大自然隔离。今天的孩子盯着屏幕的时间太

1 指信息交流技术，例如互联网、电脑、平板电脑等。

久，以至于认得成百上千种品牌，却叫不出十种当地的特色植物。[1]让孩子重返大自然怀抱，他们原本就属于大自然，脱离了大自然，他们无法生存。今天，必须让少儿身体力行地、本能地感悟我们这个星球的自然法则，一旦成年，他们才懂得尊重大自然，懂得如何可持续性地利用自然资源。

比如，我觉得孩子要逐渐学着用土地资源和自然力量来种植。七岁的孩子要懂得如何种胡萝卜、土豆或者西红柿，知道它们什么时候成熟可以采摘，摘下来之后如何准备佳肴，美美地吃上一顿。那么就从课堂开始吧，让课堂变得生机勃勃，贴近自然。水果树，蔬菜，草坪，土地，鲜花，水，自然光，动物……给孩子一个属于他们自己的大花园，让他们在花园里领悟生活的奥妙，观察角落里的昆虫，采摘树上的果子，料理菜园子，照顾小动物，和大自然共同生活。

我们的大部分孩子在学习四季概念时，就如同在学校里学习一门外语。完全是纸上谈兵。他们只能感知寒冷、炎热、潮湿这几种元素，但无法领会这其中的细微差别，无法感受独特的气味、特有的声音，感知不到这些元素的广度。

1 Pyle, R. M. (2001), *The Rise and Fall of Natural History*, Orion.

他们其实没有真正理解四季，这很正常，因为他们只能感受到其中的一部分。我讲述的是自己的真实体会，因为我自己正是在小学之后，才开始不以城市人的眼光来感受四季的节奏和现象的。在此之前，和千千万万城市孩子一样，秋天对我来说就是紧张的开学季，冬天则是寒冷的圣诞老爷爷季，春天是可以脱掉外套到院子里的玩耍季，夏天则是炎热的暑假季。大自然的四季——花卉、果实、树叶……我都不懂，因为不在我的生活中，再漂亮的图像也无济于事。直到后来，我到英国仅仅生活了一个月，我就发现了四季的颜色，感受到英国文化的深邃和细腻，而这是八年来有着漂亮图片和漂亮影像的学校教育所无法教予我的。人类大脑无法理解未曾经历的事，没有任何一种文字或图像可以替代大自然所能给予的生动、深刻的感官体验。

热纳维耶幼儿园和大部分学校一样，有着毫无特色的水泥地，连一小块草坪也被铲除。斑驳的旧白墙上挂着一面国旗，久经时日已开始褪色。孩子无法每天感受到纯净清新的大自然。我毫无保留地说，这是最大的局限。我们深切感到孩子急需与大自然接触，而且我们很清楚大自然带给孩子的平缓和重生的力量。当今诸多研究也清楚地指出大自然能够使人心情平静、热情迸发、精神振奋，能够修复人们被社会或环境压力摧垮的身体机能，令人焕发活力和积极性，平缓心情，调节消极情绪，激发创造力。[1] 热讷维耶的孩子显然没有好好地亲近大自然。他们没有机会照料菜园子、看秋天满地金黄落叶、闻春天的花香、观察夏天带着甜味的繁茂绽放。他们本来无法每天观察草丛中、野地里各种各样的昆虫，但是我们把昆虫带到了课堂上，大家一起观察，一起讨论。当孩子看到或者摸到昆虫时，他们的那股兴奋劲儿，连我们都被深深感染了！这种快乐是人类刚刚获得发现时的极度满足。儿童需要与这个世界的接触。光听老师的讲述远远不够，他们需要亲身体验，用自己的探索去感悟这个世界。

就在我写下这几行文字的当下，下了一整天的雨刚刚停歇。我很幸运，屋外绿树繁茂。我走出屋子，凝望着这神奇的景致。饱含水珠的树叶笼罩在阳光之中，空气里弥漫着泥土和绿树的芳香，蜗牛从四处爬出来。这三年来，在热讷维耶，一遇到雨天，我们总是为泥泞的路面和湿漉漉的长凳而

---

1 D'Amore, C., Charles, C. & Louv, R. (2015), «Thriving Through Nature : Fostering Children's Executive Function Skills», *Children & Nature Network*; Fjørtoft I. (2001), «The Natural Environment as a Playground for Children : The Impact of Outdoor Play Activities in Pre-Primary School Children», *Early Childhood Education Journal*, 29 (2); Louv, R. (2008, 2005), *Last Child in the Woods : Saving Our Children from Nature-Deficit Disorder*, Chapel Hill, Algonquin Books; Charles, C. & Louv,R. (2009),«Children's Nature Deficit : What We Know – and Don't Know» , *Children & Nature Network*.

烦恼。而我刚刚感受到心旷神怡，闻到雨后绽放的阵阵芳香，我该如何让孩子领会这种浓厚的美？

我们竭尽所能，为课堂带去一抹“大自然”，我们在教室里摆上了大大小小的植物，孩子可以每天照料这些植物——翻土、浇水、剪掉干枯发黄的叶子。家长们也大方地从家里带来各种植物支援我们的植物角。当然这还不够完美，但是没关系，虽然我们能给孩子的大自然只是一个角落，但对孩子来说，已经是打开了一扇窗。

丰富的环境，而非过分堆积

丰富的环境绝不意味着过分富足。对孩子来说，一个真正丰富的环境，不在于活动数量多寡，而在于所能提供的活动的质量。如果说乏味枯燥的环境有害身心，那么过多刺激同样过犹不及，太多信息量会让孩子神经疲劳，压力增加。所以，扔掉那些一碰就响、材质繁多、花花绿绿的玩具吧。[1] 告别不停切换画面的动画片，告别电视和平板电脑。孩子两眼瞪大直盯着屏幕看，不是专心致志，而是呆滞。他们容易大喊大叫，对什么都不满意，那是因为大脑习惯了过度刺

1 Gillet, T., «Une enfance plus simple pourrait protéger nos petits contre les troubles psychiques», *Huffington Post*, 12 avril 2016.

激，难以集中注意力。

匹兹堡卡内基梅隆大学最近的一份研究《太多好东西是否反而有害？》[1] 指出，教室过分装饰容易导致孩子注意力分散，直接有损孩子的认知。过度视觉刺激，会使孩子难以集中注意力，影响学习成绩。相反，教室墙面少量装饰，孩子精力不会被分散，才能更专注于课堂活动，从而学得更多。我们的工作，就是找到过多刺激和为注意力集中而摈弃装饰之间的平衡点。

我花了很多时间思考如何布置热讷维耶的教室，我希望简洁。我拿走了所有我认为多余的装饰，突出重要内容。墙上装饰不多：地理角的一张世界地图，一套长长的数字卡以及每个孩子的头像照——对应着各自的数字掌握情况，画画桌前的一张漂亮图片（定期更换），用可爱字体写的26个字母，配有一根绳子并可张贴孩子希望送给班级同学的画作的一面墙。

《简单养育》（*Simplicity Parenting*）一书的作者金・约翰・佩恩也指出，现在的孩子拥有太多东西，太多选择，信息量太大，而且生活节奏太快，这些都会损伤孩子的注意力机制。

---

1 Fisher, A. V., Godwin, K. E. & Seltman, H. (2014), «Visual Environment, Attention Allocation, and Learning in Young Children : When Too Much of a Good Thing May Be Bad», *Psychological Science*.

他主导了一项针对专注力障碍儿童的简化生活实验，通过改善环境来改善儿童专注力，例如减少玩具，减少课外课，少看电视，减少大人指定活动，增加自由活动，增加户外活动和自由支配时间。[1] 仅仅在四个月之后，68%的受试儿童专注力障碍得到治愈，而且学习成绩和认知力提高了37%。这种积极效果未曾得到证实，不像利他林那样——在美国，医生会用利他林治疗八岁以上儿童的注意力缺陷多动障碍症。

总之，要给孩子时间和自由，不脱离真实世界，有机会和自己对话。简化生活，取消多余的活动，给孩子一个更高质量、更加充实的生活。

留点儿时间放空，胡思乱想

当我们什么事都不做，静静发呆，望着远方胡思乱想，或者躺着晒太阳时，大脑依然处于活跃状态，神经学家称这种状态为“默认网络”。[2] 这种默认模式下神经网络仍在联结、

1 Payne, K. J. (2010), *Simplicity Parenting : Using the Extraordinary Power of Less to Raise Calmer, Happier, and More Secure Kids*, Ballantine Books.

2 Immordino-Yang, M. H., Christodoulou J. A. & Singh V. (2012), «Rest Is Not Idleness : Implications of the Brain's Default Mode for Human Development and Education», *Perspectives on Psychological Science*, 7, p. 352.

分析或者删除以往经历中建立的神经元。也许正因为如此，当我们在度假时，或者仅仅是淋浴时，往往会有奇思妙想迸发出来。大脑不需要集中精力处理特定任务的时候，会恢复默认状态。不看电视的休息，放空状态其实更具创造力，就如同睡眠一样有助于大脑的良好运行。给大脑观察、思考和休息的时间非常重要，很有裨益。

在班上，孩子们有可爱的柳木小椅子，我们漆上亮丽的橘色，椅子上还有一个靠垫，坐上去非常舒服。孩子可以静静坐在椅子上“放空”，四处张望，胡思乱想，天马行空。有些孩子喜欢在图书角，倚在靠垫上休息一会儿。有些孩子则喜欢静静看着同学，自己什么事都不做。孩子并不是一定需要做什么看得见的事，一天中会这样休息好几次，只要他们想要“放空”，我们都应尽可能不去打扰。

睡眠至关重要

我们知道，从一岁开始，大脑根据经历建立起巨量的神经元联结，神经元修剪也在同步进行中，使用频率最高的神经元联结得到不断巩固。借助神经元修剪，人类才得以不断学习，不断精进。当今研究揭示了一个基本信息，那就是这种大脑重组应该是在睡眠时间进行的。研究表明，儿童在白天新建大量的神经元联结，晚上进入睡眠之后，神经元联结减少，可见大脑在儿童睡眠期间进行了神经元修剪。实验同样表明，如果幼儿或少儿在学习结束之后能够好好睡一觉，睡醒之后，学到的知识会得到巩固。相反，如果学习之后睡眠缩短、不断打断或强制不睡觉（孩子表现出疲惫），大脑重组无法进行，孩子学到的知识也就得不到足够巩固。[1] 研究指出，如果孩子没有表现出疲惫状态，也没有午睡习惯，那么午睡也不是巩固新知识的必要条件。相反，如果孩子想要睡觉就应该满足他的需求，大脑会在这段休息期记录和巩固新信息。

睡眠是学习机制密不可分的要素之一。孩子白天建立的神经元联结数量比大人多得多，他们就需要更频繁、更长的休息时间以便大脑进行筛选和重组所有这些信息。所以，孩子尤其是婴儿所需的睡眠频率和时长比大人多得多。当孩子开始打瞌睡的时候，他们无法再接受新信息，他们需要充分休息，让大脑腾出空间。经历了充实的一天，在各种丰富新鲜的刺激之后，孩子能够很快入睡。孩子的睡眠，包括睡眠

1 Seehagen, S., Konrad, C., Herbert, J. -S. & Schneider, S. (2014), «Timely Sleep Facilitates Declarative Memory Consolidation in Infants», *PNAS*; Kurdziel, L., Duclos, K. & Spencer, R.M.C.(2013), «Sleep Spindles in Midday Naps Enhance Learning in Preschool Children», *Proc. Natl. Acad. Sci. USA*, 110, pp. 17267-17272.

时长都必须得到保障。睡眠是大脑成长的必经阶段。

热纳维耶试点班里，保障睡眠是我们严格遵守的一条规定。只要看到露出倦意的孩子，我们就会安排他去休息，不会理会午睡时间有没有到，也不管他几岁。如果孩子早上8:20到校的时候就很困，一副睡眼惺忪的样子，可能是冬天的早晨完全没睡醒，他完全可以找一个垫子躺下来眯一会儿，其他同学已经忙着在一边做游戏也没关系。到了午睡时间，除了小班龄的三岁孩子，其他年龄段的孩子只要想睡觉，都可以去睡觉。我们无条件满足睡觉的需求。

有意思的是，注意力缺陷或学习困难的孩子，只要提高睡眠质量，学习能力就可能恢复到正常水平。[1] 一个健康的习惯，睡前不看电视（电视会让孩子神经兴奋、难以入睡），及早睡觉，可以帮助孩子克服注意力障碍，专心学习。

孩子记住有意义的事

不过要注意，即使有高质量的睡眠，大脑也只会保留牢固的信息。也就是说，对大脑来说无意义的信息将被过滤

1 Prehn-Kristensen, A., Munz, M., Göder, R., Wilhelm, I., Korr, K.,Vahl, W. & Baving, L. (2014), «Transcranial Oscillatory Direct Current Stimulation During Sleep Improves Declarative Memory Consolidation in Children With Attention-Deficit/Hyperactivity Disorder to a Level Comparable to Healthy Controls», *Brain Stimulation*.

掉。有一项研究表明，让孩子记住弹钢琴的手势，但不提醒他结合旋律，孩子难以记住，因为这些手势对他来说无用、无章法、无意义。相反，如果引导他关注手势发出的旋律，他就能够记住这一系列手势。

我觉得，这对我们大人来说，就像是一剂强心针，如果整个班的孩子都难以记住我们教的内容，那么该反思的是我们的教学法是否对孩子来说真的有意义。因为要承认一点，知识分拆成一个个小知识点的时候，就失去了整体性，意义和深度都会受影响，从而影响了孩子的学习兴趣。我们要看到，人类记不住无意义的事。字母学习就是一个有力例证，孩子可以马上记住字母发音，但却很难记住字母的名字。为什么？因为字母发音让人马上联系到简单的单词，而字母本身的名称只是一个毫无意义的抽象术语，与阅读无关。给字母命名，仅仅是给抽象符号一个名称，对孩子们来说毫无意义。我相信，幼儿园中大班的很多五岁孩子，都曾经为记住26个字母的名称而苦恼，即使是拥有优质教育的塞纳河畔讷伊市的孩子，他们掌握的单词量让人震惊，但他们的五岁幼儿也遇到相同困扰。为什么26个字母名称会给孩子带来如此困扰？很简单，因为教室墙上挂着的这些符号，对孩子大脑来说毫无兴趣可言。没有意义，没有内涵。孩子也许需要幼儿园三年时间来学习这26个字母，而他们却可以在一周内记住班上29个同学的名字。在热讷维耶试点班上，小龄孩子想要像年长同学那样阅读时，只有主动问的时候，我们才会告诉他们字母的名称。“塞利娜，这个字母是什么？”他们迫不及待地问我，想要知道所有字母的名称。有些孩子用不了几天就能够记住所有字母，他们知道，懂得这些字母的发音就可以一起做令人激动的、有点儿神奇的游戏。一个大孩子在纸上给小孩子写下了一串字母，不需要说话，小孩子就能通过拼读这串字母来猜测大哥哥大姐姐想要说什么。这是他们之间神奇的交流方式。

学习不会让孩子觉得疲惫，他们天生就具有学习能力，相反，让他们觉得劳神费力的是完成一些超越智力的任务。真心希望教育部能够听到我们的心声。人类大脑具有神奇能力，他们寻找意义、睿智和高深渊博的学识。大脑能够记住美丽、雄伟、富有生命力、富有活力、富有启发的事物。那么就为孩子提供这些宝贵的事物。

所以，在热讷维耶的班上，我做出严格的规定，取消所有对孩子来说毫无意义的课堂活动。孩子的快乐回应、完成课堂活动的积极性，是我评判和选择授课内容的必不可少的参考。如果孩子反应平淡，不会积极想要参与到活动中，那么该项活动很快就会从教学大纲中被剔除。

自由活动不可或缺

如今，我们已经很清楚自由活动——比如在地上打滚，和同学们奔跑，乱喊乱叫——有利于孩子大脑发育。哺乳期婴儿游戏的专家亚科·潘克西普（Jaak Pankseep）指出，游戏是一种有助于孩子大脑发育和情绪平衡的生理活动。给孩子一个没有大人指手画脚、可以自由活动的空间，就显得至关重要。当然，在教室里满足这个需求是很难的事。为了满足孩子的这一需求，在大教室旁边设立一个自由活动室，孩子可以自由进出，将是最完美的事。他们可以玩各种自创的游戏，随心所欲地欢笑，一起编长长的故事，过家家，不会影响想要专心上课的同学。

在热讷维耶试点班，课间休息的时候，我们让孩子完全地自由活动，而且必要时或天气允许的情况下，我们会随时延长自由活动时间。孩子都特别喜欢。不过，这当然不是最佳解决方案。如果孩子有需求时就能够满足，想要多久就多久，那就更好了。但是，就像我经常说的那样，凡事只能量力而行，没必要给自己增加无谓压力。不是为了实现完美模式，而是尽可能提供最合适的环境。这种努力对孩子来说已经是一种改变。

而且，更有意思的是室内活动和操场或花园的室外活动穿插进行，孩子可以方便地外出呼吸新鲜空气，需要的时候自由玩耍，在垫子或桌子上做功课，或者在走廊里活动，这样既可以挡风避雨又可以享受新鲜空气和阳光。很遗憾，如今的校园无法满足这些需求。然而孩子和我们一样，他们也需要定期休息，在不同活动之间变换节奏，呼吸新鲜空气，享受自然光，他们能感觉自己需要这些，有利于建立良好的新陈代谢。

紧张感是一剂毒药

紧张感原本是身体机制中的一种非常有用的健康反应，让我们的祖先得以代代生存下来。当危险逼近，比如猛兽突然出现时，大脑和肾上腺分泌应激激素皮质醇和肾上腺素，使心跳加速，血压增高，肌肉紧张，消化系统减缓，血糖集中以提供强大力量。这套调动整个机体的神奇运作，让我们得以逃跑，或者进攻以抵抗敌人。不论是初入陌生环境时，还是在比赛或考试之中，短暂的紧张感让人更加灵活，促使机体运作更顺畅。

但是，在日常生活中，紧张感并非来自野兽，而是城市环境、社会压力、个人问题和工作问题。面对这些问题时，逃跑或进攻不再适用……不逃跑，不进攻，而是根据能力退一步，正视情绪，避免事态恶化，寻找解决方法。退一步看问题，降低了紧张激素分泌，让机体冷静下来。

我们大人懂得用这种方式让自己平静下来，因为额头后部的额叶前部皮层已发育成熟，这个部位掌控着分析、退缩、自我控制能力。幼儿的情况则完全不同。当孩子面临焦虑、紧张或强烈的负面情绪时，他们的大脑会迅速分泌出紧张激素，但此时的孩子还不懂得退缩，不会自我调节，不会分析事态，更不知道如何控制局面。孩子和我们不一样，他们不知道如何让自己平静下来。他们只有随着额叶前部皮层逐渐发育成熟才能最终学会，而额叶前部皮层的完全发育要等到长大成人，大概二十五岁的时候。

所以，当孩子进入一个不知如何应付的紧张处境中时，比如同学突然抓走了他手中的玩具，他会经历各种情绪——害怕、难过或气愤，不知道如何平静下来。很快，他被各种情绪淹没，害怕变成惧怕，焦虑变成极度焦虑，紧张变成万分紧张，生气升级为愤怒。小小的孩子正在经历一场“情绪的暴风雨”。在这种情况下，紧张激素快速分泌，不受节制，紧张感变成如毒药般可怕。应激激素皮质醇大量分泌，直击孩子大脑，摧毁大脑结构中至关重要的神经元。首当其冲的是控制记忆的海马脑回，经常遭遇紧张或者长时间处于紧张之中的孩子会出现记忆障碍。紧张感直接破坏了学习能力。额叶前部皮层是掌控逻辑分析、退缩缓解、自我控制、做出决定、具有感同身受能力的大脑结构，如果遭遇破坏，这些能力的发展将受到遏制。

频繁紧张或长时间处于紧张压力之下，会破坏孩子尚未发育成熟的大脑神经系统，并形成恶性循环。经历越多的紧张，额叶前部皮层的发育越滞后，导致越来越容易紧张，越来越无法自控。所以，孩子情绪强烈时，若是任由他哭泣，只想让他自己学着冷静下来，是一个非常错误的做法，只会适得其反。额叶前部皮层的发育被遏制和破坏，孩子会变得越来越难以独立控制情绪。长大成人后，他很可能缺乏情绪调节力，缺乏面对各种生活压力的抗压力。而且请注意，把孩子扔在一边，让他独自面对情绪暴风雨，最终他也会安静下来，但是千万别以为他就此学会独自处理情绪，他停止哭泣，只是因为身体出于保护机制，本能地压制情绪，但未来他会更加难以应对情绪问题。

那么，如何保护孩子不受紧张压力的侵害？首先让孩子“避免频繁紧张刺激或长时间处于紧张状态”。比如，经常在孩子面前吼叫或争吵，是孩子慢性压力的来源，研究表明，此时的孩子被紧张激素侵蚀，就如同身处大人的冲突之中。[1]不论在学校里，还是在家里，让孩子不受紧张压力袭击，这一点非常重要。让孩子学习如何调节自己的情绪，即使是面临最艰难的状态也要控制情绪。不要恶意批评孩子，不说侮辱性的话语，同样至关重要。语言暴力、侮辱、谩骂激发紧张压力，破坏大脑语言区的神经元。恶性语言是伤害孩子的毒箭。[2]传统的学校评估系统、学生测试和教师评语，也是令孩子长期紧张的重要因素。

要帮助孩子逐渐学会自己调节强烈情绪和紧张压力，该如何去做？首先要做的事大家司空见惯，却往往不够重视，那就是当孩子被某种情绪——比如气愤、悲伤、忧郁、焦虑等侵蚀时，我们首先要陪伴在他身边，安抚他。仅仅是把他搂在怀里，他的大脑就会产生一种神奇的激素——催产素，也称为“爱的激素”，这种激素可以大大抑制应激激素皮质醇的分泌。我们的关爱激发了催产素的分泌，可以阻止紧张

1 Choi, J. *et al.* (2012), «Reduced Fractional Anisotropy in the Visual Limbic Pathway of Young Adults Witnessing Domestic Violence in Childhood», *Neuroimage*, 59 (2), pp. 1071-1079.

2 Choi, J., Jeong, B., Rohan, M. L., Polcari, A. M. & Teicher, M. H. (2009), «Preliminary Evidence for White Matter Tract Abnormalities in Young Adults Exposed to Parental Verbal Abuse» , *Biol. Psychiatry*, 65 (3), p. 227-234; Teicher, M. H. *et al.* (2010), «Hurtful Words : Association of Exposure to Peer Verbal Abuse with Elevated Psychiatric Symptom Scores and Corpus Callosum Abnormalities», *Am. J. Psychiatry*, 67 (12), pp. 1464-1471.

的恶性循环，建立良性循环，促使人体分泌内啡呔、血清素和多巴胺。这三种神经传递素能够调节人的情绪，稳定心态，平衡快乐、激情、激动和平静。简单地说就是，我们的爱保护并支持着孩子最基本最核心的大脑结构。

当爱驱散了坏情绪之后，关键还要告诉孩子这是一种什么情绪，怎样可以进一步平缓心情。神经学研究指出，了解一种情绪，可以让大脑在遭遇情绪时处乱不惊，让孩子慢慢学会平静下来。随后，帮助孩子“分析当时的处境，冷静看问题”，加速额叶前部皮层的发育。我们就像是孩子“额叶前部皮层”的盔甲，保护它，帮助它成熟。孩子会学着自己平静下来，渐渐不再需要我们的帮助。研究表明，我们对孩子的这种支持有助于他们自控力的培养和额叶前部脑回的发育。

我们在热讷维耶所践行的做法，是首先用温和的语言或者肢体接触安抚孩子，比如拉着他的手。然后询问他是什么情绪，是生气、难过，还是害怕？一旦说出来，孩子会很快平静下来，导火线被摘除，应激激素皮质醇的分泌就会下降。然后教他表达自己的感受，如果是因为和其他孩子争执，我们会鼓励他去向肇事者说出他的感受，必要时可以建议缓解矛盾的方法。一些研究表明，童年时期得到这种教育的孩子，长大之后在面临情绪危机时更加懂得如何冷静应对，知道怎样更好地调节紧张压力，避免由此造成的恶性后果。[1]

在孩子尚未发育成熟的这一阶段，成年人有力、善解人意、亲和友善的监护，可以帮助孩子勇敢面对危机，加强自控力。所以，孩子未发育成熟的大脑完全依赖于身边成年人的呵护。这听起来有点儿矛盾，却是无可辩驳的事实：没有人可以不需要任何人帮助、独自长大成人。独立、稳定、发展、平衡、坚强，这些品质的培育都需要爱、耐心和陪伴。

有爱、有耐心的支持，也是热纳维耶试点班的教育基石。若非如此，孩子天天被紧张压力束缚，再贵、再好、再量身定制的环境又有什么用？教会孩子如何第一时间应对紧张，是我们的教学重点。每一次冲突，每一次伤心，都是引导孩子培养情绪自控、促进额叶前部皮层发育的机会。当然，情绪自控力的培养不是一朝一夕的事，在额叶前部皮层发育成熟之前，需要持续的练习。不过，仅仅几个月内，孩子们已经可以自己处理矛盾，不再求助于老师。他们知道如何分辨不同的情绪，懂得如何表达，会尝试提出

---

1 Lieberman, M. D. *et al.* (2007), «Putting feelings into words: Affect labeling disrupts amygdale activity in response to activity stimuli», *Psychological Science*, 18, pp. 421-428.

缓解矛盾的方法。

而且，研究指出，经常接触大自然，有助于缓解孩子的紧张情绪，从而增强记忆力和注意力，保持情绪稳定。定期接触大自然的孩子，社交互动也比其他孩子更和谐。

仁爱

有些人认为仁爱是一种可有可无甚至有点儿勉强的补充教育手法，在此，我一定要指出，这种看法是完全错误的。人与人之间正面的互动关系——亲切友善，无私举动，慷慨行为——有助于产生新的神经元联结，增加神经元突触。不论是对主动表达社交互动的人，还是接受社交邀请的人来说，都是如此。想提高你的学习能力吗？那么请爱他人，并待在爱你的人身边。想提高你孩子的学习能力？那么请爱他们。很简单，爱他们，热情、和蔼、亲切、充满爱。我们的和蔼亲切，以神奇的方式滋养着孩子的大脑发育。当我们对孩子态度和蔼、亲切、热情、充满爱意时，孩子的海马回的神经元会产生大量神经元联结，促进孩子的记忆力和学习能力飞速发展。[1] 不过，这还不够。

---

1 Teicher, M. H. *et al.* (2012), «Childhood maltreatment is associated with reduced volume in the hippocampal subfields CA3, dentate gyrus, and subiculum», *PNAS*, 109 (9), pp. E563-E572.

如同前文所提到的，额叶前部皮层的神经回路不断成熟，会使孩子的分析能力、逻辑思考和自控力增强。眶额皮层影响着情感同化、决策、道德感，这部分的神经元联结也得到增加。也就是说，我们的亲和态度会激发孩子发展道德和感同身受的能力，而且刺激孩子大脑产生催产素，催产素则有助于产生情感、依赖、联系和信任。

如卡特琳·格冈博士所说[1]，催产素的分泌促使人体产生一连串良性物质：多巴胺、血清素、内啡肽。多巴胺产生激情、动力、冲劲、快乐、创造力；血清素使人脾气稳定；内啡肽产生欣快感。所以，仁爱不是可有可无的教育手法，仁爱是孩子充分成长的真正催化剂。

在热讷维耶试点班，仁爱的教学令孩子们受益匪浅，不论是大人（安娜和我）或是孩子，我们的言行举止都力图友善亲切，热情和睦，浅显易懂。孩子们充分发展，效果显著，令人震惊。本书将会在第四部分进行进一步的探讨。

---

1 Gueguen, C. (2014), *Pour une enfance heureuse: repenser l'éducation à la lumière des neurosciences*, Robert Laffont.

热讷维耶试点班概述

我们尽全力为试点班的孩子提供以有助于他们学习和充分发展为宗旨的环境。当然，必然会有妥协，必然会有应教育部规定不得不做的事，必然会受制于教学场地的局限（作息时间、建筑结构、采光、空间大小）。

比如，我很快就意识到，孩子独立、自由活动所需要的空间，比传统功能的幼儿班更大。虽然我们的教室有55平方米，远大于法国大部分幼儿园教室，但要满足我们两名教师和27名活泼独立的孩子每天一起度过6个小时，这样的空间仍不足够。孩子随时从教室这一头跑到另一头，有时还会拖着笨重的教具，他们可以坐着，可以站着，甚至可以躺在地上。为此，我们挪走了多余的课桌椅和教具，尽可能让空间更适合孩子四处走动和自由活动。大人的办公桌、长条凳、孩子够不着的柜子、大白板，第一时间就被淘汰了。

可是，我们无法给孩子一个有泥土、草坪、菜园子、小动物的花园，无法让他们自由呼吸新鲜空气、接触大自然、照料大自然、随时到户外玩耍，没有其他教室可以为孩子同时提供不同活动空间，也没有配备有趣设施的专题活动室。在我看来，混龄的年纪范围还不够广，作息时间过于严格。如能有更好的采光，将更有助于孩子们的健康成长。

不过，我们坚持做到了几个基本点，比如孩子独立做主，三个年龄混班，及时回应、积极有力的人际互动。我们给孩子设计了生动有趣、内容广博的课程，几何、地理、感观灵敏练习、音乐、数学和语文。

三个年龄的孩子混合上课，独立自主，自由互动，自由选择喜欢的活动，自由选择教室的任何区域，语文角、数学角、感观区、地理角、几何区、音乐角、植物角。有十几种不同的活动可供挑选。我们采用的感官教具大部分来自让·伊塔尔、爱德华·塞甘和玛利亚·蒙台梭利的教学法。后文会再细述教具。教室里还有一个创作区，有一副画架、一个画板和一块创作板。活动需要的所有柜子或课桌椅，都根据孩子身高进行调整，最高的柜子不超过70厘米，最小的孩子也够得着。柜子全都靠墙摆放，尽可能腾出教室中央作为活动空间。

教室中央合理分布着几张单人桌，孩子可以不受打扰地安静地学习。如果他们想要两个人一起玩，可以搬张凳子过来一起坐，也可以把两张桌子拼在一起。我们特地让单人桌的数量少于学生数，这样腾出来的空间可以铺上地垫做其他活动。

试点班的典型一天

早上孩子们到校时，安娜已在入口迎接。她负责接待父母，落实各个细节，点心、午餐和考勤等，而我会在教室里迎接每个孩子。孩子在走道里把鞋子脱掉，放在鞋架上。这一动作很重要，像是走进教室之前的一个仪式，提醒孩子进了教室就要规范举止，动作轻缓有序，教室是一个他们需要爱惜维护的舒适、开心的地方。他们和安娜问好，每天都会这么做。进了教室大门，孩子就进入了一个平静、温和的氛围，他们会得到最浓厚的爱心，最大的自主权。我会和每一个孩子问候早安：“早上好，莎伊玛！”“早上好，塞利娜！”

我会询问每一个孩子感觉如何，昨晚睡得好不好，听孩子想和我说的话，帮他们组织语言，感受他们的心情。我尤其重视早上入园的这一交流时刻，可以让我快速判断出孩子的身体状态、精神状态和情绪状态。

随后，我请孩子们自由选择想要做的第一个活动。想要跟上孩子的脚步，创造有序环境，那么，提供给孩子的活动需要提前和他解释怎么做，让孩子知道活动的目标。有些活动，大龄同学很可能会主动提出做小老师。有些孩子需要老师略微指导才懂得如何选择。这时候，我会和他们一起看看架子上的各种教具，提醒他们前一天或者前几天曾经很喜欢的一项活动。这么做完全可以激起他们的兴致。若有孩子真的不知道怎么做——往往是刚入班的新生——他只需要看着同学们，和他们说说话，或者静静坐着，等自己想好了再开始。有些孩子起床太匆忙，还需要时间缓一缓，他们也可以坐在图书角的角落里，或者找张桌子，先休息一下。

开学家长会上，我们向家长们解释了这种教学模式，得到了他们的认可。他们知道，每天入园都有一个完全一对一的欢迎过程。送孩子进班级时，他们都会特别注意说话轻缓，愿意和安娜分享关于孩子当天状态的重要信息。他们也知道，放学时我也会和他们分享孩子一天的表现。

孩子们全都到校后，安娜会过来帮助我一个个引导还在选活动的孩子。为了提高效率，我们在墙上的小画板上记下了对选择困难症的孩子来说尤其吸引他们的几项活动。安娜引导孩子的时候，我开始一对一地教孩子如何做。每天上午，我大概能做3～10组一对一教学。每完成一次，我都会在孩子的跟踪记录表里做记录，这样我就可以清楚地知道每一个孩子学过的内容。语文和数学这两门课程，如果看到孩子已经完成目标，我会用绿色标注。孩子的每一个进步都会被记录下来，但我从不让孩子察觉到我的评判。对我来说，设定的知识点能否熟练掌握是一个判断标准，有助于决定是否进一步增加难度。我走到孩子身边，平静地问他，我可以坐下吗，可以和他一起玩吗？而我给他们的反馈，就是当我看到他们成功完成前一天还不会做的事时，开心地分享我的欣喜，或者鼓励他们继续进入下一关，仅此而已。完成一对一教学后，如果看到某个孩子遇到困难，有点儿气馁了，我会坐到他身边，只要班上情况允许，我会一直陪着他直到完成活动。

整个上午，孩子都可以自由选择课程活动。每次做完活动，他们要自己负责把教具放回架子上。有些孩子会继续另外一种活动，有的则什么都不做，静静看着同学，或者到图书角再听一次百听不厌的故事，大孩子总是很乐意做小老师来讲故事。只要不打扰别人，不扰乱秩序，孩子可以在教室里任意走动。可以坐在椅子上，可以蹲着，也可以坐在地垫上。有些孩子甚至躺下，只要不妨碍别人，我们不会去阻止他。身体的自由至关重要，研究表明，不受束缚的躯体有助于大脑更好地学习和发育。[1]只要可以，我随时开始一对一教学，我细心观察每一个孩子的表现，以便更好地回应他们的需求，及时帮助有需要的孩子。安娜也随时准备帮助孩子做课程活动，她保证课堂秩序，可以的话，她会和几个孩子一起做简单的小组拼读游戏。大部分孩子都是一个人做活动，小部分三两个一组在地垫上玩，有的孩子在图书角大声读书，身边围着小龄同学认真地听着；有的孩子在我身边坐着或站着，看着我教其他同学；还有的孩子三三两两说着悄悄话，一边趴在耳边说，一边哈哈大笑。

我们引导孩子做令他们感兴趣的活动，他们自由发挥，一次次犯错，一次次再来，想重复几次就做几次。很多人问我："难道孩子真的可以在课堂上随心所欲？"没错，就是这样。但不意味着可以毫无顾忌，扰乱秩序。更确切地说，孩子不是"做他们想做的"，而是"做他们该做的"。我们帮助孩子摆脱束缚，找到真正的独立自主。我们帮助孩子找到真正引起共鸣的事。主动投入、兴奋、激情、个性化、创造

1 这种现象被称为"具身认知"（embodied cognition）。

性，如果说这种本能的天然机制被阻拦，那么我们要教孩子重新明白，这才是原本该做的事。

孩子并非肆无忌惮，肆意妄为。恰恰相反，我们给孩子的自由是有度的，事先和他们解释清楚规则，保障安全、自由和必要的秩序，才有可能逐渐找回生命根源的激情。孩子们找回自己的自然状态，团队的和谐也在默默建立，每个人都有自己的位置，每个人的充分发展组成有力、多彩而且极其有序的团队。每个人自然而然地找到自己在集体的位子，为和谐的集体添光增色，彰显独特性。

班级就像一个幸福的蜂巢，每人各司其职，用自己的节奏、自己的方式独自一人或者和同学一起完成课堂活动，同时遵守集体生活的唯一法则。这一法则明确和大家解释过，必要时候会一再重申，那就是“绝对不能干扰别人的活动”，不论是同学或者老师。

孩子一旦安全感满满地找到了自己内心的激情和自信，他们会专注于令人惊讶的目标，连老师们都不敢想象的目标。我记得有一个四岁的小男孩，坚持一定要数到1000。看到他已经开始摆到200个珠子，我断定第二天他一定会继续，赶紧准备地垫，好让他能够完成余下的800个珠子……1000个珠子足足有7米长。我们在教室里铺上了几米长的窄窄的地垫，好让他摆上算术珠子，就这样在教室里摆了好几天，直到孩子完成他的宏伟目标。班上的同学也各自完成自己的小目标，走动时他们会跨过地垫，一点儿都没觉得麻烦。有的同学会陪着他，给他加油，或者很认真地看着他做，似乎在琢磨“他会成功吗”。

我还记得另外一个特别喜欢画画的小女孩。一天，她急匆匆地拿着画画的本子跑过来，腼腆地对我说：“塞利娜，给你看。”这个四岁半的孩子，临摹了整整一本画册。我从来没想到过要叫她做这样的练习……

还有刚刚四岁的小凯文，决定自己跟着书本完成十个折纸。连续好几天，他天天只摆弄折纸，最终他成功了。这真的是一项非常艰难的任务，有几个折纸甚至连我都不会做。这个小男孩幸福感十足、极具耐心地教我怎么做。他花了很长时间不断尝试，失败了无数次，才最终领悟出正确的折法。

我们将会在本书第三部分讲到，孩子专注于某个目标并达成目标之后，他的认知能力会得到发展，这是智力发展的一个根本能力，让孩子明白自己想要什么，做自己想做的事。这三个孩子后来都开始自己主动阅读，几个星期之后，他们可以读自己感兴趣的儿童读物。对他们来说，比起数到

1000、费力临摹画册或者在几天内做出10个折纸，坚持读完一本书显然不会更复杂。

11点左右，上午快结束时，我们会聚集在一起“团团坐”。我们让孩子把教具收起来，需要的话先把教室收拾好，然后在教室当中坐成一圈。我看到有些孩子依然沉浸在游戏中，没有听见我们大声召唤。如果是这样，我们不会打断专心致志的孩子，这种全神贯注会让孩子发生改变。我们就在距离他几米远的地方团团坐。当他结束任务，抬起头，突然发现同学们已经围成一圈的时候，自然会跑过来坐在我们身边。如果之前我们坚持叫他马上停止来加入我们，他一定会反抗我们的鲁莽打断，而我们也由此遏制了他身上正在发生的改变。我们聚在一起大概20～30分钟，我和孩子交流几个不同话题，吸引他们的注意力，让他们不会觉得无聊：我用三分钟表达我的喜悦，表扬某位同学学会如何使用剪刀，或者某位同学顺利完成高难度任务。几乎每次都会有孩子举手：“塞利娜，我看到尤尼斯把水洒在地上了，不过朱马纳帮他把地板都擦干了。”定期做非程式化的短暂交流，建立孩子之间的信任和情谊，激发强烈的好胜心。对我们来说，每一次成功都至关重要。

然后，孩子们去食堂或者回家午餐。小龄孩子会回家睡午觉，有些大一点儿的孩子也会睡午觉。我们之前曾提到，不论什么年龄，只要孩子觉得累，就应该休息。所以，就算是大孩子，如果看到他有倦意，我会问他："凯文，你看起来有点儿累，想躺下来休息一下吗？晚些再做。就这么放着，没有人会碰的。"大部分孩子会欣然接受建议。可能小憩1小时，也可能就眯15分钟。时间长短没有关系，孩子自己会根据身体需求来调节。睡眠是最基本的身体需求，其他都可以等等再做。同样，如果小龄孩子明显没有午睡的需求，不想午睡，他完全可以留在教室里。

除了有些孩子回去午睡、班级人数减少之外，中午的活动和上午毫无区别。孩子们自己选择想做的活动，而我会花时间一对一地教。一对一的时间，是一段分享、快乐的相处时光，我们经常一起大笑，和某个孩子或者几个孩子在一起，我从不掩饰开心和激动。温情而有趣的共处时光，让我们享受很多快乐。午间过后，小龄孩子陆续回来。当所有人都回到教室，我们经常（但不是程式化地）会到操场上玩15分钟左右。我们在户外做集体游戏，不想一起玩的孩子也可以自己去骑自行车，或者玩皮球。一开始，我们经常去操场，上午和下午都会出去。渐渐地，当孩子开始爱上各种课堂活动时，他们对户外活动的需求就减少了。于是，我们只在下午去操场，有些孩子仍然会低声嘀咕不情愿出去，因为他们还没有做完活动。所以，课间活动不是固定的，是根据孩子的需求和时间做调整的。当然，天气晴朗的日子，我们尽量更多享受户外。在巴黎，晴朗的好天气可不多，不仅孩子们需要，我们大人也需要。

放学之前，我们会再次聚集在一起，唱歌，做些放松运动，比如冥想，让孩子专注，学会聆听。当代神经学研究明确指出，冥想有助于心情平静，产生信任，促发善心、无私和同情心。所以，我们也会这么做。

我们曾经提到，班级里的语言环境非常重要。在此我再一次强调其重要性。在幼儿园的一整天里，我们为孩子们提供的语言资源必须词汇丰富，表达准确。我们不允许在班上用俗语或者不完整的表达。如果有孩子这么说，我们会告诉他们更准确更合适的表达，然后让他们重复练习。对于这一点，我严格要求，我不会错过一个可以让孩子改进表达的机会，我向孩子强调，用准确的语言表达自己的思想非常重要。必要时，我们甚至会停下课堂活动，专门纠正表达。对我来说，这一点占主导，孩子也都感受到了我的坚持。比如我们聚在一起的时候，如果有孩子不知道如何表达自己的想法，我会停下来帮助他，直到他最终成功说出口。我会在孩子气馁之前给他提示，帮他把自己的想法表达出来。其他孩子都能够安静地耐心等待。因为他们知道，我对大家一视同仁，同学有困难时，他们会尊重我的做法。我们将在本书第三部分讲述培养孩子惊人自控力的要素。

集体课上，我们也会一起读很多故事。这是一个“无负担”故事时间，我不会为了让所有人都听懂而在每一页都停下来，我只是给孩子一段消遣时光，一个安静地感受语言的时刻。我每天教孩子一些新词语，但不会太多，第二天我会特意再提及复习。一旦发现故事里有太多新词，我会马上用其他词替换。第一次听的孩子察觉不出来。不过，有些大孩子听完故事之后，会自己重新再读一遍，这时候，他会用手指指出来：“塞利娜，你刚才没有念这个词，‘赐予’，这是什么意思？”

一周就是这么进行的。有时候会有校外出行，去看舞蹈表演、音乐会或者话剧。我们没有传统的体育课。我不喜欢让孩子们排着队，一个接一个地跨栏，或者一排排地玩呼啦圈。说实话，传统体育课上，孩子们个性化发挥或展现自己的时间很少，教学过于程式化，让我觉得很难受，因为我觉得爬树，或是自己在地上画格子跳格子，一样可以锻炼身体机能。对我来说，孩子不需要跑道，而需要大自然，还有比操场活动更具挑战性的项目。[1] 如今，很多专家也完全同意这个观点。除了体育课，在一个有活力的环境中自由活动，孩子受益更多，而不是一个处处设防、枯燥乏味的地方。他们要能够跑来跑去，爬上爬下，跳到草坪上不会受伤，而不是老师在一旁发号口令："好，现在开始练习平衡，在平衡木上走，走到头，然后跳到格子里。"

我更建议让孩子玩旱冰鞋、滑板车、自行车，想玩多久就玩多久。还不敢玩滑板车的孩子在一旁看着，等准备好了，我们会帮助他们上手。我们不会强迫孩子。难道我们会强迫十个月大的孩子练习走路吗？我们当然不会这么做。我们只是让他自己摇摇晃晃地站起来，扶住他，在他想要迈出第一步的时候鼓励他。

当然，在一个传统教学法的班级里，课堂活动和时间安排都不适合孩子，那么体育活动变得更为重要，这是孩子释放压力、重获自由的时刻……年轻老师都知道，绝对需要强大的控制力才能镇得住孩子释放出的巨大能量。而奉行独立自主的班级，孩子不再需要通过课间休息和体育课来释放课堂上积攒的过剩精力。所以，课间休息时的冲突打闹、跑跳

---

1 Louv, R. (2008, 2005), *Last Child in the Woods: Saving Our Children from Nature–Deficit Disorder*, Chapel Hill, Algonquin Books; Charles, C., Louv, R. (2009), «Children's Nature Deficit: What We Know – and Don't Know», *Children & Nature Network*.

受伤也大大减少了。

稳固的人际关系

一天，有一位记者问我，一对一的个性化教学会不会遏制了团队沟通？后来也有不少人提到这个问题。我总是觉得很惊讶，为什么我们不换一个方向思考问题？推崇攀比和竞争的群体教学，难道不会遏制善意的人际交往？强制孩子在同一时间做同一件事，并不意味着他们就能齐心协力。孩子之间或许有交流，但这是真正的交往吗？我不这么认为。这样的教学不尊重个性，孩子反而会特意加强个性，让自己与众不同。他们会相互比较，评判。相反，强调孩子与世界的个性化连接，能够让孩子感觉到本真的自己得到了别人的接受。孩子若能充分发展自己的个性，自然而然能够领会每个人都有自己的成长节奏。他们甚至都不会问自己是进步还是落后……每个人都不一样，各有各的步伐。对每个人来说，多样化如同营养，有助于其充分发展。自己的个性得到尊重，也让孩子心胸开放，学会求同存异。他们每天在一起生活，人际关系稳固和睦，每个孩子都可以充分保障自己的内心成长。

为了幼升小，班上十几个一起生活三年的孩子要被分到几个不同的班级。家长们也因为孩子要分开感到很难过。孩子思想和社交能力的显著进步，让家长格外惊喜，尤其是孩子之间的情谊，家长们都不希望孩子所有的进步因为换到另一种教育体制而被搁浅。我想起期末和调研员的一次家长会，为了帮助这些家长顺利过渡到“大学校”，调研员特地前来参加，因为这个试点班非常特殊，调研员认为有必要平复家长对孩子未来的担忧，尤其对孩子阅读能力的担心。调研员唯一担心的是家长想要给孩子留级，家长会一开始，他就滔滔不绝、旁征博引地各种举证，旨在让家长们打消留级的念头，他劝说家长不要担心老师不一视同仁，相信孩子不会觉得无趣，升学会很顺利。一位父亲打断了他的话，他态度明确地指出他们根本不担心调研员提到的那些顾虑，他相信老师会好好教学，他们想要的完全不同，他们希望孩子依然能够在同一个班级，不要失去活力和让人惊喜的无私精神。可是，这位父亲的要求被拒绝了。这让家长们感到很愤慨。

第二年，这些孩子升入小学一年级，家长们告诉我，他们经常在课间休息时聚在一起。后来，有个女孩折了胳膊，结果她的老同学在下课后纷纷跑过去帮她拿书包。虽然不在同一个班级，但有老同学还自告奋勇要帮她做作业。孩子们之间的情谊依然如此浓厚，互助互爱的激情没有消减。

所以，现在让我们来回答“一对一的个性化教学会不会遏制团队沟通”这个问题，我毫不犹豫地说，不会！虽然与环境的接触个性化，但是日常生活完全是集体的。而且，给予孩子个性化陪伴，才是真正的人性化交往，而这是群体教学无法做到的。

大人得到解放

基于自由独立和个性化的教学模式，不仅仅释放了孩子，同样解放了大人。如同我们上文曾提及的，大人同样本能地趋向于和孩子建立真实的、热情的一对一关系。但是在传统教学里，大人必须自上而下，甚至强制性地管制一群学生，不仅筋疲力尽，而且也不符合大人和孩子的本性。最终，孩子苦于失去自由，大人疲于管着孩子。强制型管教对任何人都没有好处。那么换一个角度，让我们顺应自然天性，给予孩子自由，混龄相处，在他们慢慢学会自主的时候逐渐取消来自四面八方的限制。我收到来自幼儿园老师的无数邮件，他们不由自主地、饱含深情和细腻地向我证明了我的想法。

> 9月以来的小工作坊，包括色彩组、手工组等等，即将告一段落，现在可以做一下总结。在开学家长会上，我们向家长解释了利用您这套科学教具的教学法（奥雷莉参加了

2015年8月24日至25日于巴黎第八大学举办的《教学转变的基础理论》研讨会。可在官网www.celinealvarez.org查看该研讨会的全程内容）。家长会结束后，我获得了职业生涯中来自家长的第一次喝彩！真的很鼓舞人心！之前的害怕和担心瞬间消散了。现在是2月份，40%的孩子学会了阅读，而且我相信，到年底，还会有20%～30%的孩子学会阅读。有一个女生去年学习很不积极，教导主任曾经担心她过于忧郁而且不够灵敏，如今她已成为班上最富好奇心的学生，对算术、阅读、写字等都很感兴趣。她的成绩甚至超过了两名去年被认为是“特等生”的学生。家长的反馈也远超我意料，孩子独立自主的愿望强烈，待人有礼有节，好奇心强，都令家长非常欣慰。这甚至也改变了我的工作和个人生活。我再不会因为课堂压力而焦虑，不再整天催促“快点快点”，而是说：“别担心，你可以晚些再试试看，明天再做一次也可以……”也不再因为外出、临时拜访或是突发事件打乱课堂日程而焦躁。现在，我都能心平气和地从容处理！有家长想到班上用外语讲故事？没问题，想来就来……有孩子想要来一场辩论或者来一段表演？今天就可以……孩子眼睛里闪耀的自豪感，让我元气满满，干劲十足！

在家里，我也更加享受和孩子相处的时光。和他们一起玩，我不再吝惜时间，就算学业进度跟踪手册还没来得及更新也没关系，可以明天再做……放松的神经让我第二天效率更高！感谢我的随班保育员，她毫无条件地支持我，在我犹豫的时候为我鼓劲。她原来要转校，后来决定留下来再和我一起工作一年，因为她想继续这种教学法。感谢我的丈夫，他认为我改用这种教学法是一件了不起的事，他为我自豪的眼神总是让我在迟疑的时候重拾信心。这一年，他第一次没有再抱怨我工作太多（而其实，我一直在做各种手工教具）！

奥雷莉·古尔默隆，上塞纳省旺夫市

——

阿尔瓦雷斯女士，恕我占用您宝贵的时间。您的理论在很短时间内颠覆了我的职场观念，我想，我的实践和反馈您一定会感兴趣。首先简单介绍一下我自己，我今年三十六岁，学了很长时间哲学之后，做了十年的代课老师，于2015年至2016年担任勒阿弗尔市一所优先教育强化学校（指位于社会经济极其落后地区的学校）的老师……十年“特勤队”（可怕的词）经历，让我对社会宿命有点儿逆来顺受，也不相信学校教育可以改变社会……我遇见很多有责任心、勤勤恳恳、和蔼可亲的老师，但总是有30%～40%的孩子从未有幸遇见好老师……开学15天之后，我发现了您的教学法。嘣！（直到现在仍然感到醍醐灌顶！）简直难以置信！一开始，我这个不轻易上当的人仍心怀疑虑，难道我要相信这“满口胡言”？肯定不会……真的是这样吗？我的疑虑和理智进行了一番斗争，5分钟之后，最终斗争结果出来了：不践行您的教学法是有罪的。不是从明天开始，而是马上就开始。

今天致信给您，是为了向您表达我最诚挚的感激，感谢您让我每天都能在班级里感受到感恩（只是我是唯一一人，没有保育员），感受到幸福感（加倍的幸福），每天看到班上孩子踏进教室时我脸上都洋溢着快乐。

我重新发现了工作的意义，精神满足感远胜于兴奋剂。必须承认，一开始，我整天都要不断地擦地板，给满身大汗的学生换衣服，收拾打碎的杯子，我心里忍不住诅咒您……但那时的我还不明白即将来临的快乐会多强烈……当然，距离完美还差得很远（不用考虑预算就能开班），但是我从未后悔践行您的教学法……如此巨大的转变，一句感谢远远不够，几千句都不足够……您不用怀疑，您的理论在我们这里掀起波澜，我们也如沐春风，甚至可以说是一场飓风，给幼儿园带来了希望和新气象。

朱利安·梅尔滕斯，勒阿弗尔市，滨海塞纳省

——

亲爱的塞利娜，曾经有一年，我的人生遇到了瓶颈，不仅是工作（班上足足有31个中小龄学生，其中还有一名疑似精神障碍的学生），个人生活也因为身体原因而问题重重，我失去了信念……一个偶然的机会，我接触到您在热讷维耶的试点班教学，我看到了满满的共享的幸福。于是，假期结束之后，从2016年4月底开始，我马上重整我的班级——我已经等不及到9月开学再开始。

必须马上改变！我全身心投入，对自己说，不能让孩子的潜力发展再被耽误十个星期……孩子们为这种改变感到极大震惊，但都非常支持，包括中龄孩子，甚至那个有学习困难的小男孩都能从中获益。

我承认我仍在摸索之中，但是31个学生的班级氛围已变得宁静和谐……（这是一种内心的宁静，一股真正的清新之风。）

埃莱娜·佩雷克，德尔姆市，摩泽尔省

大人的角色

在这样的环境里，大人的角色发生了转变。不再主要是为了“掌控”一帮孩子，而是力图创造一个适合孩子独自学习、群体学习的充分发展的环境。大人挑选和准备他们认为有益、恰当的课堂活动，保障学习环境有序、干净，根据每一个孩子的情况给予最恰当的、激励人心的教学，从不打击孩子的积极性。

其实，当今的认知科学研究也告诉我们，当孩子遇到一个足以激发动力但又不至于让他气馁的难题时，他获益最大。[1]而且，大部分的孩子遵循自然天性，总是倾向于选择接近“最近发展区”的活动，几乎不会超过这个范围。

同时，一对一的个性化指导让大人了解每一个孩子的兴趣点、个性、疑虑和困难点。借助跟踪图或者跟踪表，掌握每一个孩子的进步情况，及时调整教学。注意不让任何一个孩子气馁，需要优先保障一对一的教学，情感互动是一枚催化剂。孩子感到被尊重、得到爱和重视，他的自信和自尊心才会得以发展，他才乐于自己探索；在关注他、给予他信任的人的陪伴下尝试高难度事情，慢慢地孩子会逐渐放开，越来越独立，不再一直依赖大人。[2]

愿意花时间，站在孩子的高度和他对话的大人就像催化剂与和善的向导。古希腊哲学家毕达哥拉斯曾说过：“男人

---

1 Dehaene, S. (3 février 2015), «Fondements cognitifs des apprentissages scolaires. L’engagement actif, la curiosité et la correction des erreurs», cours au Collège de France.

2 Winnicott D. W. [1958] (1975), *La Capacité d'être seul*, in *De la pédiatrie à la psychanalyse*, Payot, «Petite Bibliothèque Payot», pp. 205-213.

最高大时，莫过于蹲下来帮助孩子的那一刻。”不过，也别忘了给孩子设定规矩，保障他们的安全，引导他们往正确的方向前进，只有这样做，才能让孩子非常清楚地学会集体生活的规则，一旦有行为举止不符合规则，他懂得马上停止。一项针对两岁以上孩子的跟踪研究表明，这种有爱又不失规矩的指导是最好的教育。给予孩子直接的支持，同时培养孩子的独立性，不仅有助于达到最佳平衡，建立与亲朋好友的最佳关系，更有助于获得优异学习成绩。[1]

大人应确保孩子可以专心致志做事，尤其是可以全身心投入某项活动。当孩子对所做的事表现出极大且持久的兴致和喜爱时，他的大脑正在产生成千上万个神经元突触联结。大人要予以关注，别让这一学习过程中断。大人要保护这种大脑创造活动，匈牙利心理学家米哈伊（Mihály Csíkszentmihályi）[2] 称这种全神贯注的状态为“心流”，是令人全身心投入的最佳体验，通常能产生强烈的满足感。

大人在充满爱意地指导孩子时，还有一点非常重要，大人必须注意不要对孩子妄下评论，有时，下意识“预测”会

---

1 Crockenberg S. & Litman C. (1990), «Autonomy as Competence in 2-Year-Olds : Maternal Correlates of Child Defiance, Compliance and Self-Assertion», *Developmental Psychology*, 26 (6), pp. 961-971.

2 Csíkszentmihályi, M. (1988), *Optimal Experience Psychological Studies of Flow in Consciousness*, Cambridge University Press, pp. 323.

变成弄假成真的预言。罗森塔尔和雅各布森的一项如今已广为人知的研究[1]就证明了这一点。20世纪60年代末，这两位研究者选择了经济落后地区的一所小学进行研究。他们在开学初为每一位学生做了智商测试，然后随机抽取20%的孩子，故意将测试结果改为超过常人的高分。随后，他们设法让老师们得知了（篡改后的）测试结果。老师们都以为那20%的孩子拥有比其他孩子超常的能力，下意识地对他们关照有加。到了期末，孩子们再次接受同一项测试，以查看进步情况。测试结果表明，这些孩子取得的进步明显高于其他同学。所以，大人的期望具有某种效应，会对孩子产生客观的影响，可能带来如同皮格马利翁效应[2]的正面积极作用，也可能是如戈莱姆效应[3]的负面消极影响。所以，尽可能客观公正、信念坚定地对待每一个孩子，这一点至关重要。

如果有可能，最好能让同一位老师连续几年带班，每一个孩子的充分发展都需要紧密稳定的人际关系，不论是师生关系还是同学关系，连续几年同班相处（即使每年都会有少量变化）

---

1 Rosenthal R., Jacobson L. F. (1968), «Teacher Expectation for the Disadvantaged», *Scientific American*, 218 (4), pp. 19-23.

2 皮格马利翁效应（Pygmalion Effect）指教师对学生的殷切希望能戏剧性地收到预期效果的现象，由美国著名心理学家罗森塔尔和雅各布森提出，暗示会不同程度地影响到人的情感和观念，人们会不自觉地接受自己喜欢、钦佩、信任和崇拜的人的影响和暗示。——译者注

3 戈莱姆效应（Golem Effect）指心理实验中的消极期望效应，一再强调消极期待，会激化消极表现，恶化结果。——译者注

都可以培养稳定的同窗情谊，促进社交能力和认知能力的发展。

迈出独立的第一步

在一个自由自主的环境里，孩子必须学会独立。而独立之路需要大人的陪伴，在必要时教他们培养独立性的基础行为。在热讷维耶试点班里，我们为孩子一遍遍重复示范，让他们新建的大脑回路得以加深巩固。示范指导往往是一对一，简单易懂，准确明了，富有逻辑性，有时候不需要言语解释，避免让语言变成无谓的干扰。

我们向孩子示范如何自己换拖鞋，把鞋子放到指定地方，从架子上稳妥地拿取教具、玩好之后再放回原处，打开和收起地垫，在教室里走动但不打扰同学，起身之后把椅子归正，低声说话，从洗手间回来后轻声关门，擤鼻涕，想和老师说话但是老师又在忙的时候可以轻轻把手搭在老师肩膀让他知道，放学时自己穿鞋子、把拖鞋放回原处。新生入学时，我们会花时间教孩子所有这些事。

我们不厌其烦地一次次示范，或是平静地而不是命令式地纠正孩子举止，尽量不打击孩子的积极性。当孩子遇到难题时，放任他一人面对而认为不要打扰他，其实是一个极大的错误，这会让孩子陷入困境，产生极度不安全感。孩子会丧失兴趣，放弃已经动手的活动。

玛利亚·蒙台梭利曾写道："当孩子全身心投入到'大工程'中时，老师要保护这种专注，不要表扬、批评或纠正他，不要去打扰他。但是很多老师对这一原则只理解表层意思。教具分发下去之后，她们就远远地坐着，不管孩子怎样做，她们都一句话不说。班上的秩序很容易就被打乱……我曾经见过一个班级，孩子们错误地使用教具，教室里一团乱。老师在教室里轻声走来走去，安静得像一尊狮身人面像。我问她是不是去花园里活动一下会更好。于是，她走到每一个孩子面前，在他们耳边悄悄说话。我问她：'你在做什么？''我小声问，这样不会打扰其他孩子。'这位老师完全做错了，她不敢纠正已经乱成一团的秩序，没有把控好课堂秩序，无法为孩子的独立活动创造良好的环境。"[1]

孩子不会只看过一次示范就能准确学会动作。他们需要时间，不断看示范，反复练习，新建立的神经元联结巩固深化，动作才能准确掌握。卡特琳·格冈博士在研究报告中写道："在五个月内，如果同一种体验不断重复，相应的神经

1 Maria Montessori, *L'Enfant dans la famille* (2007), Desclée de Brouwer, p. 135.

元联结和脑回将得到巩固。”[1] 关键是耐心、不急躁，如果孩子没有马上重复你示范的动作，请深呼一口气，告诉自己这很正常。我们希望教授给孩子的才能，例如轻手轻脚将椅子归位、在别人开口之前不抢话，这些都不是教一次就会的，两次或三次也不一定能，只有一次次观察学习、不断地体验练习才能学会。所以，孩子显然需要大人多次重复示范。重要的不是示范时间，而是示范的频率。整整两个小时给孩子示范同一个动作，只会令孩子疲劳不堪，根本记不住。相反，经常给他示范，时间短，态度热情，反而有助于孩子记住动作，愿意模仿，愿意自己做，不需要大人的帮助。在热讷维耶试点班，只要孩子有要求，我们就会不厌其烦地一次次示范。有些孩子一次示范就足够，有些孩子则需要多次。

掌握动作的孩子很乐意多次向年纪小的同学展示和示范。这样的场景往往令人感动，又忍俊不禁。我还记得大部分大龄孩子向小龄孩子示范的样子，记得当小龄孩子连一个简单动作都做不好时他们却极富耐心，还有想要得到大哥哥大姐姐关注而故意做不好动作的孩子，而大龄孩子却根本没发现小龄孩子的小心思。混龄孩子之间的互助特别有利于教

1 Gueguen, C., *Pour une enfance heureuse : repenser l'éducation à la lumière des neurosciences.*

学，他们会主动寻求小老师的帮助，小老师随时乐于展示正确的做法。没有一位老师可以同时兼顾到27个孩子，不可能随时响应给每一个孩子做那么多次示范。

当围裙挂不起来，或者地垫卷不起来时，孩子求助我们，我们会让他去礼貌地求助更有经验的同学。于是，我们看着他们害羞地走过去，在大孩子身边支支吾吾地小声问，声音小得几乎听不见。我们注意教他们用礼貌友好的方式求助："苏莱曼，你可以帮我卷地垫吗？我不会做。"一开始，小龄孩子总是很腼腆，只会用手远远地指着自己不会做的东西。大孩子笑了，他们知道老师一定会要求小同学只要有能力就要清楚地说出自己的想法。当然，如果孩子真的不会或者不愿意重新说，我们也不会强求。时间、信任和慈爱会帮助他最终做到的。

整齐有序的空间

要培养孩子的独立性，重要的是给孩子一个可以自由活动、自己动手的环境。所以，首先，大人应该为孩子提供一个整齐有序的空间，物品摆放显眼、有逻辑。在热讷维耶，我们认为应该区分不同主题的空间，语言、算术、地理、感官能力、画画、手工。这种分区似乎孩子很适应，而且能很快明白教室分布。每一个分区，都有矮柜子放置教具，和合理的空间让孩子活动。教具摆放根据难易程度，最左边是入门级，越往右边，难度越大。孩子知道自己在教室的哪个区，也知道每个区的布置，而且只要扫一眼就知道每套教具的难度差别。

其次，对于教具，我们也精心筛选，只选择最重要的部分。所有多余的部分都被拿掉，简洁直接才有助于孩子理解每一个活动任务的宗旨，也有助于懂得做完之后如何物归原位，加强独立自主。我们注意到，清晰有序的环境，不仅有助于孩子培养独立性，同样也能让孩子学会整理、维持整洁。教室干净整洁、有序舒适的话，孩子也想用心维护它。

有序环境也有助于培养逻辑思维、记忆、计划性、认知灵活度（这些都是需培养的基本能力，本书第三部分将进一步阐述）。孩子需要记住物体之间的关联、物体的位置、物体和相关联的动作，他们规划自己的动作，不打乱秩序。如果现场混乱，他们需要重新规划行动，让一切“恢复秩序”。

老师们，别犹豫，尽可能变换班级的布置，甚至在同一年内换几次，找到最符合孩子逻辑、最有序的布置方式。通过观察孩子白天在教室里的走动和行为，在热讷维耶的第一年，晚上下课后，我们换了十多次课桌椅和家具的位置，直到找到我们感觉最合适的布局为止。教室布局从不是一成不变的。

我们人类内心存在极为复杂的预设想法，自备强大的学习机制，最资深的人工智能专家依然在不断模仿。但是，从生物学角度看，不论人类智能有多复杂，依然受限于成长的环境。如果一个人在智力发育阶段被剥夺与外界的联系，内在潜能发展将被遏制，即使天生具备学习机制，环境因素依然会导致认知和行为能力匮乏。

别再仅仅盯着孩子和他们的学习成绩了。审视一下孩子成长的环境，是否足够丰富，足以支持孩子充分发展？是否能够激发孩子的热情、积极性、勇气？是否适合孩子拓展人际交往，学会通情达理？是否可以让孩子好好休息，心情愉悦？是否能全面正确且引人入胜地引导孩子了解文化？是否有一个从早到晚用词准确、表达清楚、话语得体的语言环境？这个环境是否就像养育蜜蜂幼虫的蜂王浆一样富有营养？思考这些问题非常重要。人类强大的可塑性，一方面使一切皆有可能，另一方面也使人变得脆弱易损。人类的智力发育，离不开社会环境。每一次体验，结果可能都大相径庭，所以，外界的支持必不可少。我们大人的责任就在于，为这个世界的新人们提供条件，给他们的体验带来最佳影响，避免最糟糕的结果。

现行教育体制，只注重给孩子灌输知识，没有真正关注孩子的成长环境，忽视决定智力发育的自然法则。然而，自然法则告诉我们一个最根本的原理：孩子不是“教”出来的。孩子会根据自身体验，建立和发展自己的智力。我们无法主导孩子的大脑构建过程。“自主学习”这种说法毫无意义，学习本来就是自主的。人类通过亲身参与活动、调动内在积极性来获得知识。从这一点上看，学校走了弯路。当年，伽利略的同代人不得不痛苦地反思他们对天文学的认知，最终很不情愿地接受了日心说。如今，我们同样要反思整个教育模式，思考何为孩子真正的学习之道，这已刻不容缓。因为，就在现在，一个个天资聪慧的孩子，渴望体验，渴望知识，然而在自某个年代（一个我们不知道的年代）以来一成不变的教室里，在局促的空间里，他们感到厌烦，只能透过窗户望着外面真实的世界，幻想着充满活力、激情、多姿多彩的探索。

教学辅助

2

正因为具有强大的可塑性，孩子积累了大量通过感知获得的信息。所以，不仅仅要为孩子提供有助于细化感知的活动，比如练习如何更好地看、闻、听、品尝、触摸感知；同时还要教会他们如何表达感知到的一切，例如颜色和不同颜色的区别、规格大小（厚薄、长短、大小）、材质（粗糙、褶皱、顺滑、柔软）、声音（低沉、尖锐、不同乐音）以及各种味道。

在班上，我们为孩子准备了一套感官教具，其中大部分是由法国医生让·伊塔尔设计的。这套教具发明之后，又经由爱德华·塞甘进一步改进，玛利亚·蒙台梭利博士再次补充。“红木棒教具的发明可以追溯到150年前，”蒙台梭利博士在1946年伦敦讲座[1]中提到，“在我开始工作前100年就有这套教具。”她又说：“粉红塔作为认知测试道具，也是在我开始试验前50年就已开始使用……我没有发明这些练习，我只是借鉴已有的经验，重新用于儿童教育。我发现孩子使用这些道具都很专注，而且可以玩很久。”[2]

---

1 Maria Montessori, «Education based on psychology» , conférence prononcée le 4 septembre 1946, in *The 1946 London Lectures* (2012), Laren (Pays-Bas), Montessori-Pierson Publishing Company.

2 同上。

这套感官教具简单易懂、颜色鲜艳、尺寸恰当，非常吸引孩子，可以令他们沉浸其中，玩很久。当然，还有其他活动也能达到相同功效。大家可以根据情况选择最适合的教具，关键是能够激发孩子兴趣、有助于他们了解和理解这个世界。我们将在此简要介绍我们所使用的教具，这或许会引起您的关注，但是我们首先要指出，核心是延续玛利亚·蒙台梭利的教学理念精髓，而非推崇一成不变的教具。教具是一个有意思的教学切入点，但是必须因材施教、因地制宜，必须根据孩子的实际情况做调整。教具仅仅是一种工具，孩子的个性发展、成长节奏、真实需求才是根本。

孩子在大脑发育的极度敏感期生活在我们身边，他们已经可以本能地感知社会文化，因此帮助他们进一步理解文化非常重要，例如地理、音乐、几何、数学、阅读、书写。因此，我们为班上孩子设计了相关课堂活动，阅读写字、数学、音乐、地理。我沿用了几十年前让·伊塔尔、爱德华·塞甘和玛利亚·蒙台梭利设计和改进的教具。切切实实地创造出条件，让孩子可以专心学习，一步一步、脚踏实地地前进，积极向上，求知若渴。

加强感知力

我所选择的感官教具，让每一种活动都能够集中加强孩子们的一种能力。

比如学习辨别不同长度的红木棒。十根木棒长短不一，最短10厘米，最长1米。全都漆上红色，材质也完全一致。唯一不同就是木棒的长度，这样孩子的感官专注点不会被其他因素干扰。

同样，帮助孩子认知颜色的色板，每一块形状和材质都相同，只有颜色不一样。展示音阶的铃铛，每一个铃铛发出一种音符："Do、Re、Mi、Fa、Sol、La、Si"，所有铃铛样子也是一样，只是发出的声响不一样。

大部分感官认知活动只专注训练某一种能力。我们知道，大脑无法同时处理两种信息，所以认知活动目标明确很

红木棒使孩子关注长度变化

三岁孩子可以从短到长排列木棒，
练习如何辨别不同长度，没有其他因素干扰注意力

重要。如果大脑同时接收到多种信息，它会逐个处理，信息处理过程就会变慢，甚至会忽略某些信息。教具的认知目标清晰明确，排除干扰，不设双重任务，是学习的最佳条件之

一。[1] 这是我们选择教具和活动的基本条件。

配对与排序

孩子可以通过配对与排序两种方式来训练感官能力，也就是听觉、嗅觉、视觉和触觉。

——做排序，比如红木棒或者色彩训练。可以选择一种颜色（比如蓝色），然后根据色差由深至浅排列。排序可以训练孩子的视觉敏锐性，让孩子学会更好地看外面的世界。

——排序之前，孩子可以先做配对，把具有相同特质的教具一对一找出来。配对练习训练孩子的敏锐观察力和感知能力，排序则要求更精细的辨别能力。可以用色板来练习配对，让孩子先找出三对基础色（红、黄、蓝），然后再找其他颜色（橙、绿、紫、褐、灰、黑、白、粉），最后找齐9个色系的63种不同颜色，也就是说用126块色板配对64种颜色[2]。

1 Dehaene, S. (13 janvier 2015), «Fondements cognitifs des apprentissages scolaires. L'attention et le contrôle exécutif», cours au Collège de France.

2 要配对64对色板，需要使用两盒“3号色板盒”。玛利亚·蒙台梭利在她的书《蒙台梭利博士手记》中推荐了这种训练方法。

三岁孩子可以利用两盒色板进行相同颜色配对

三段式教学法训练感知表达

孩子通过活动接触到新词语之后，我们采用爱德华·塞甘的极为有效的三段式教学法，用具象的方式教孩子，比如色彩。每一位教师都应该学会三段式教学法，可以让孩子极为快速地学会两到三个新词。以色彩为例：

首先是释名。教师指着颜色，说出每一种颜色的名称，让孩子复述。我们指着红色说“红色”，孩子复述“红色”；我们指着蓝色说“蓝色”，孩子复述“蓝色”；我们指着黄色说“黄色”，孩子复述“黄色”。然后马上再重复几次这三种颜色，时间不要长，以免孩子厌烦。

第二步是展示。我们问孩子“哪个是黄色？”孩子指出黄色。“对了，这是黄色。”我们再次复述颜色的名称。然后我们让孩子继续指出其他颜色，一定要注意控制时长，保持孩子的兴致。这一步，孩子即使还不懂得准确表达，但已开始将名称与某个事物或事件联系起来。这一步的时间可以略长，让孩子牢牢记住新词。

最后是辨识。我们指着红色色板问："这是什么颜色？"如果前两步能让孩子兴致高涨，这回他一定会激动地回应（有时甚至会高喊）："是红色！"然后我们继续辨认另外两种颜色，重复几次直到确认孩子们已经掌握了新词，可以在桌上玩调换色板位置的游戏（孩子们都很喜欢这种小游戏）。

三段式教学结束后，我们会玩一个孩子们很喜欢的小游戏加以巩固。让一名孩子闭上眼睛，然后藏一块色板在身后，再叫孩子睁开眼睛，"猜猜我藏了什么颜色？"孩子会认真地思考后调皮地大喊："红色！你把红色藏起来了！"开始新的三种颜色之前，我们会先看看孩子是否记住前一次三段式教学教的三种颜色。有时候，孩子只记住两种颜色，那么就将遗忘的颜色与两种新颜色一起再学一次。孩子会自己和同学玩藏色板的小游戏，多次玩这个游戏孩子就逐步记住了颜色，我们无须再反复教。我还记得，在游戏中，有孩子还不认识一些颜色的名称，他闭上眼睛，同学拿起桌子上的一块色板藏在背后。他睁开眼睛，知道哪个色板被藏起来了，但是不知道那个颜色叫什么，于是他问："你背后那个颜色叫什么？"当同学说出颜色，他马上就记住了："绿色！你藏了绿色！"

我会在集体课上不定期复习主要颜色，拿出色板，让孩子一一说出名称。复习时间不长，但我坚持定期做，我明确地和孩子说："孩子们，我希望你们能学会所有这些颜色的名称，这很重要。"孩子就会很重视这件事。专门强调，让孩子学习更高效。我的语气鼓舞人但又很坚定，是一种"明显的社会信号"，引导孩子关注某一件事、意识到它的重要性，令他们快速记住这件事。我们在第一部分也提到，没有这种明确的提示信号（声音、眼神、手势），孩子完全有可能忽略身边本应该关注和学习的要点[1]。像我这样，注意给孩子明确的提示信号，他们就能有效地记住重要的事。当然，我不会在每一次集体课上都做这样的提示，以免孩子对这种语气习以为常，失去了效力。所以，只有真正的要点我才会强调，而且往往会经过几周巩固之后等孩子们切切实实掌握了，再引入新的知识。

---

1 Meltzoff, A. N., Kuhl, P. K., Movellan, J. & Sejnowski, T. J. (2009), «Foundations for a New Science of Learning», *Science* (New York, N. Y.), 325 (5938), pp. 284-288 (doi :10.1126/science.1175626); Dehaene, S., «Fondements cognitifs des apprentissages scolaires. L'attention et le contrôle exécutif», cours cité.

更好地看世界

为了锻炼孩子的视觉敏锐性，我们设计了多种游戏活动。色彩教具——比如红木棒——也属于这一类。不过，为了训练孩子的视觉敏锐性，我们让两岁半到三岁的孩子做的第一个活动是插座圆柱体，这种活动让孩子可以直观地看到自己做得对不对，有助于培养专注力，细化视觉能力。之后再引导其他直观性较弱的活动，比如红木棒。

插座圆柱体有四套，每一套包括十个高度或宽度从小到大依次排列的圆柱体。孩子把圆柱体从孔洞里全部取出，然后再把圆柱体放入相对应的孔洞。如果孩子非常直观地就能感受物体形状大小、高度和宽度，那么，看东西就会更精确，就能更好地观察身边的世界。一开始，我们只拿出一套，轻轻地把每一个圆柱体放在孩子面前，按顺序摆放，然后请孩子一个个重新放回去。慢慢地，孩子可以自己完成一套插座圆柱体的操作——至于从哪一套开始并不重要。然后我们让孩子同时做两套，这样他需要观察和配对二十个不同的圆柱体和二十个不同的孔洞。对三岁孩子来说，这是一项非常有挑战性的活动。渐渐地，孩子可以同时做三套，辨识三十个形状各异的圆柱体和三十个相对应的孔洞。最后，到了四岁左右，孩子会自己同时做四套，此时他们面对的是四十个大

四岁的孩子同时做四套插座圆柱体

小各异的圆柱体和四十个不同的孔洞。

有些四岁孩子看到如此复杂，会感到气馁，不过在我们的鼓励和提示之下，他们最终完成四套，重拾自信，满脸都是自豪。这套教具非常锻炼敏锐性，圆柱体的变化差别很小。我在收拾教具时也常会弄错，把好几个圆柱体放错了孔洞。想要不动脑筋就整理好是不可能的，每次收拾都要费点儿心思。所以即使对五岁的孩子来说，这也绝对是一种挑战。

不过，我记得有一个三岁男孩，他野心很大，第一次就想同时做三四套，而当时他连一套都做不出来。他在地垫上把三套圆柱体全部取了出来……我一次次对他说："你瞧，我觉得你还是先试着完成一套，等你成功了，再做第二套。"我不顾他气呼呼地盯着我，还是把两套插座圆柱体放回了架子上，就留下一套给他。我刚走开，他马上跑过去把刚收拾好的两套又拿了下来。我先不作声，等到那些找不到孔洞的圆柱体在地垫上滚来滚去，差点儿绊倒其他孩子的时候，我再走过去收拾。安娜几天前就注意到，她劝我不要插手。我真的认为这对他来说太有挑战性，让他一个人面对如此高难度的任务对他没有帮助。然而，我完全想错了。因为不想和孩子争吵，加之安娜的建议，我决定让他自己尝试，只是要求他必须把所有圆柱体在地垫上摆正，我真的担心万一有人踩到会滑倒。接下来的三周时间，这孩子每天上午都会同时折腾几套插座圆柱体。他在一点点进步。一天上午，我看到他拿了四套，把四十个圆柱体全部取出来，打乱顺序，然后毫不费力地、很有信心地一个个插进相应的孔洞。我从来没见过一个这么小的孩子能够做到这一步！我还是要强调，这项训练难度很高，需要很强的观察力。

这件事让我想到了两点：首先不能太强势，尊重孩子自己定的目标，即使目标在我们看来像是天方夜谭——只要孩子坚持，就要让他进行到底，这一点很重要；其次，幼儿园给幼儿做的常规活动，比如简单拼图或者扔套环，这根本低估了孩子的智力。

如同我刚刚所提到的，这种视觉教学游戏最大的优势是可以直观验证对错，把控失误。如果孩子拿的圆柱体比孔洞大，他看到放不进去，就会试着找其他合适的孔洞。如果一时没有发现错误，玩到最后，他也会发现手上剩下的最后一个圆柱体比最后一个孔洞大。他会皱起小眉头，在坚持不懈的努力下，最终找到解决办法。

借助这种直观验证，孩子可以纠正自己的预测，反复调整，直到彻底掌握，不再需要大人的提示。

之后，孩子进一步加强视觉鉴别能力，可以一次性辨认出四套形状各异的圆柱体，不再需要孔洞来验证。他通过观察，自己纠正错误，自己调整。孩子们都非常喜欢这套教具。

另外三种教具，粉红塔、棕色梯和红木棒，可以继插座圆柱体之后教孩子做。这些教具的排序难度和复杂程度更高，需要更为敏锐的眼力。借助视觉来把控失误，通过练

安娜在给一名孩子示范排列一套插座圆柱体的顺序
孩子可以这样从小到大排成一排，也可以从大到小叠成一摞

习，自己找出错在哪里。这三套教具规格尺寸都比较大，因此相对差异更明显。

粉红塔是立方体形状，更容易叠起来。每个粉红塔方块差异很小，但是很容易辨识。

三岁孩子在做粉红塔按序搭高

棕色梯的长方体比较复杂，只有长度不变，孩子要辨别不同长方体之间两个维度的差异（高度和宽度），难度更大。

10个长方体按序排列构成棕色梯

最后是红木棒，长方体的两个维度不变（高度和宽度），只有长度不一样。虽然看起来很简单，只有一个维度变化，但其实孩子们在做红木棒排序时都感到有难度。

和孩子沟通这些教具玩法时，我们要注意用词简洁准确、目标表述清晰：方块、长方体、木棒、长、短、宽、窄、高、矮等。我在第一部分多次提及，和孩子解释或者讨论每一项活动时语言简洁准确，是我们对自己的要求：物体名、不同概念都必须用最清晰最准确的语言来描述。孩子非常喜欢这种“渊博”的语言，它能满足他们强烈的沟通欲望，而且他们也很想学着准确地描述身边的世界。

孩子在做红木棒排序

更好地听

我们同样有训练听力的活动，首先是两套一样的音桶，每一个桶管会发出不同声音（桶管内装有绵细沙、小石粒或各种豆子）。孩子找出两套中发出相同声音的桶管，一一配对。之后，孩子也可以只用一套音桶（红色桶或蓝色桶），根据声音从大到小或从小到大排序。

三岁孩子听声辨别，为音桶配对

之后，孩子可以借助两套八音铃，进一步锻炼听觉敏锐能力。把两套铃铛打乱，然后找出发声相同的铃铛配成一对。也可以只拿出一套，打乱顺序之后，再找出来，按照音阶，从低到高排成一排，Do、Re、Mi、Fa、Sol、La、Si，孩子都很喜欢这么玩。

四岁孩子听声辨别八音铃，找出一对Do，一对Re，一对Mi……不一定要从Do开始，重要的是孩子能够通过听，辨别不同声音，找出相同声音

更好地触摸

利用布料盒练习触觉敏锐能力。用布条把眼睛蒙起来，用手触摸地垫上的布料，找出相同的两块配对。孩子特别喜欢这个活动，经常两个人一起玩，一个打乱布料，一个蒙着眼睛找同款。当然，我们会教孩子每一种布料的正确名称：丝绸、棉、麻、纱、莱卡、毛毡等。这类练习还可以用触觉板，蒙上眼睛，先让同学把触觉板打乱，然后再找出相同材质的触觉板做配对。我们同样会教孩子每一块触觉板的材料名称：金属、软木、玻璃、石板、毛毡、硬木。

更灵敏的嗅觉和味觉

我们也训练孩子的嗅觉和味觉灵敏度，在集体课上通过生动的方式和孩子一起闻各种气味，品尝各种味道的食物。比如，我带来薰衣草，让孩子闻，教他们薰衣草的确切名称，问他们是否闻过这种气味。然后我们把薰衣草留在教室里，和之前带过来的其他闻香物放在一起，孩子们可以随时去闻一闻。我们有一个有趣的集体游戏，请一个孩子闭上眼睛，让他闻放在教室里的不同闻香物，然后说出物品的名称。

孩子通过练习加强感官敏锐性

大部分三岁的孩子并不能立即学会给方块、立方体或者木棒排序，也不懂得配对相同的声音、材质或颜色。他们的能力是通过不断实践练习、观察同学练习而得到加强的。一开始，我们观察孩子常犯的普遍性错误——犯错很正常。有些孩子在我们的提示下意识到自己的错误，而有些孩子即使被指出错误，依然觉得自己做得很好，一脸茫然地看着我们，这些孩子的辨别能力有待加强。只有通过有规律的实践练习，他们才能意识到之前看不到的错误，几天前他们没有发现的错误，几天后就可能令他们感到异样了。

这些活动旨在锻炼孩子的辨识能力，关键不是要求孩子短时间内完成排序或配对，相反，我们要让孩子挑战具有一定难度的活动，刺激他的辨识能力。一旦孩子可以快速无误地完成，就意味着对他来说难度不够，无法进一步锐化他的感官灵敏度，那么就需要给他更高难度的练习。

我们提到的大部分感官练习，粉红塔、棕色梯、红木棒、色板、音桶、布料盒等，都比插座圆柱体难，因为这些练习不能直观地验证对错。孩子只能借助眼睛、耳朵或触觉，通过不断的练习，逐渐学会判断。

感官更敏锐，发现新世界

我们教孩子准确表达自己的感觉，让感官变得更灵敏，而教具可以让孩子更好地看世界。我记得有一个阿尔及利亚男孩，刚进班级的时候还不会说法语。我用色板让他快速学会了三个基本颜色的法语词：红、黄、蓝。他爱上了这种游戏，当我和他说其他话题时，他依然指着我的衬衫不断地问："这是什么颜色？"而且他会突然在对话时停下来，指着刚看到的东西大声喊"这是红色！塞利娜，这是红色！"他很快就学会各种颜色的法语表达。大孩子们也不厌其烦地做他的小老师，他不停地问，大孩子一次次地教。不久之后，这个孩子已经可以用法语对话了。

感官感知力是连接孩子与这个世界的媒介，锐化感知力同样有助于发展孩子的智力和加深他们对这个世界的理解力。

我们在此提到的教具，全都可以用其他教具替代，只要可以提高孩子的感官感知力，教会他们相关词语、表达感受。没有必要局限于这些教具，完全可以因地制宜，就地取材。关键是选择一个合适的教具，既简单易懂又吸引人。您完全可以相信自己的选择，不论教具还是活动，只要可以激发孩子兴趣和专注力的都可以。

感官训练活动仅仅是教育辅助

教学活动和教具取材于丰富多彩的真实生活：在沙子上走，在地毯上走，画画，玩木头，玩泥巴，玩水，还有帮忙搬木头点取暖炉时要比较大小，不能拿最小最细的木头；做水果沙拉，说出每一种漂亮水果的颜色；听树林里小鸟歌唱，辨认不同的鸟叫声；捡秋天落叶，观察不同叶子；闻闻花园里玫瑰和野草的香气。生活，生活，还是生活，唯有生活可以让孩子完完全全地感知世界。所有这些最自然、最基本的感官体验都有助于智力飞速发育，没有其他活动可以替代。教具不能为孩子提供体验内容，教具只提供一种规则，孩子借助教具，加深生活体验的印象，学会表达感知。教学只是一种辅助，帮助孩子学会整理和理解生活中获得的感知信息。感知敏锐度的提高，在于教学之外，让孩子热爱生活才是核心。

用浅显易懂、循序渐进、生动形象的方式教授科学文化

本章将简要介绍的教具，同样来自伊塔尔、塞甘和蒙台梭利，这些教具以浅显易懂、清晰明确的方式告诉孩子一些较难理解的抽象概念：几何、地理、音乐、数学、语言。本节首先介绍几何、地理、音乐，随后再于第三节和第四节详述数学和语言。

文化教具的最大特点是遵循大脑运作规律，从不设定双重任务。无法同时做两件事的大脑，从来不会同时实现两个目标，也不会同时记住两件事。如同我在上文简述的感官教具，只锻炼一种能力，只教一个知识点。等孩子掌握了之后，再用另外一个教具教孩子新的知识点。

地理

我们教孩子地理的基本概念：星球、陆地、水、洲、大洋、国家。首先用两个地球仪来介绍这几种概念。

左边是介绍给孩子们的第一个地球仪，右边是第二个

首先用一个地球仪。我们向三岁的孩子介绍，这是我们生活的地球，让他们学习两个基本概念："你瞧，地球上分为两部分，一部分是陆地，一部分是水。"我们用塞甘的三段式教学法让孩子记住两个新词："陆地""水"。然后我们和孩子一起观察地球仪，看陆地的形状，海洋的形状，转动地球仪，孩子想重复几次就来几次。一天，一个孩子自己观察了地球仪很久，对我说："塞利娜，地球上有很多水！"我回答说："没错，正是因为这样，我们把地球叫作蓝色星球。"这个孩子有自己的思考。他的脑神经元联结此时一定

极度活跃。地球仪，足够浅显易懂，只需教会孩子基本概念，就能启发他进一步探索。

过了几天，我们又拿出地球仪，想检验一下孩子是否记住了之前教过的知识。如果他可以轻松指出陆地和水，我们就会拿出第二个地球仪。“你瞧，地球上有水，也有陆地。不过你看，人类把陆地分成几个大洲，这是一个大洲……这里是另外一个。”我指着陆地对他说。“你说是大洲吗？大洲！”孩子说，他马上就注意到这个词。“人类还把海洋也分成几个大洋，这是一个大洋，这是另一个，这里还有一个……”我指着不同的大洋对他说。“是大洋，对吗？大洋！”孩子开心地学着。于是，我们用三段式教学法帮他巩固这几个新词。接下来，孩子可以自己探索，观察各个大洲和大洋的分布，想看多久就看多久。

随后的一周内，我们拿出第二个地球仪，测试孩子是否还记得新学的词。我指着一个大洲问：“这是什么？”有时孩子会大声喊出来：“是大洲！”于是，我把地球仪放在地垫上，再拿出一个地球嵌板拼图。这一次不是立体展示，而是平面展示。我对一个孩子说：“看，这是地球平面图。这也是地球，只是我们把它摊开了，这样就可以看到所有大洲。你还记得吗？可以给我指出一个大洲吗？大洋呢？”孩子会一边指一边说。到这一阶段，孩子已经能形象化地理解很抽象的概念，他知道地球平面图就是地球展开图，图上的陆地称为大洲，很多水的地方称为大洋。我们让他自己拼图上的大洲。

几个三岁的孩子在看同学做地球嵌板拼图

第一学年，所有的地理词语，陆地、海洋、地球、地球仪、地球平面图，对班上所有孩子来说都是陌生的，我们需要经常提及，让孩子定期复习。到了第二学年，大一点儿的孩子已经牢记，会经常用。这样，新来的小同学耳濡目染就更容易上手。有时我拿出第一个地球仪的时候，有孩子会说："塞利娜，为什么拿这个？茹玛娜已经给我看过了，你看，这是陆地，这是海洋。"我还是会检查孩子是否理解正确，我指着地球仪问他："那你知道这是什么吗？""我知道！这是地球，我们生活的地球！我就住在这里！”他指着太平洋上的一个小岛说。“呃，真是这里吗？”我笑着对他说，眼角瞥见一旁的安娜也忍不住笑。“我来告诉你我们住在哪个陆地，好吗？”我拿出第二个地球仪，重新又解释了一次大洲的概念。他跟着说“大洲”。我仔细教他我们住在红色的这个大洲。他的眼睛里闪烁着满足的快乐。

孩子可以记住每个大洲的代表性动物。我们把这些动物分组介绍给孩子们，解释动物们的特性，生活在哪一个大洲。这个小游戏有助于丰富词汇，班上很少有三岁孩子能知道所有代表性动物的名称：熊猫、长颈鹿、松鼠、北极熊、袋鼠、鹦鹉，这些词孩子都从未接触过。

为了满足孩子的探索欲望，我们会定期更换代表性动物：狮子、非洲象、亚洲象、考拉等

等孩子可以轻松自如地玩转地球拼图，也就是说大概一两周之后，我们就可以教孩子各大洲的确切名称：欧洲、非洲、南美洲、北美洲、亚洲、南极洲和大洋洲。我们再次运用塞甘三段式教学。要让孩子们记住所有词汇，需要好几天时间。

经过几天反复多次的三段式教学，等孩子完全掌握新词后，我们拿出每个洲的嵌板拼图，一个洲一副拼图，每个国家都是一小块活动的嵌板。我们向孩子解释，每个洲又分成很多小陆地，称为“国家”。我们循序渐进地教孩子国家名，每次都是三段式教学，从他们熟悉的国家开始：法国、摩洛哥、阿尔及利亚、塞内加尔、中国、西班牙等。

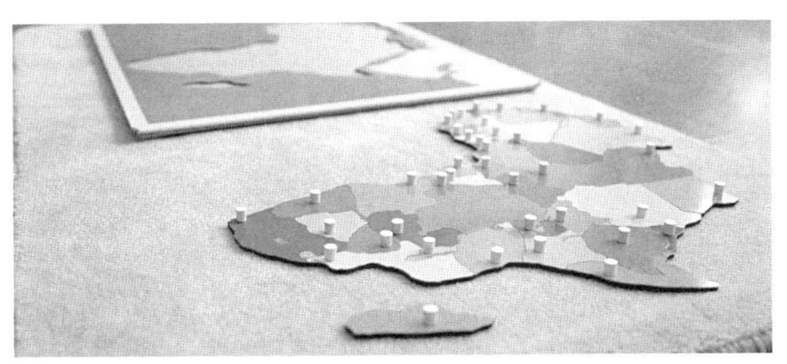

孩子在老师的帮助下完成拼图，可以看着示例图找到每个国家的位置

到了这个阶段，孩子大概四岁，会识字，可以看图例，自学国家名。到了五岁，他们脑子里逐渐形成清晰的概念，知道什么是地球、大洲、海洋、国家。我还记得第一年就有

一位妈妈跑过来对我说："我儿子和我说多哥、贝宁，他说这是非洲的国家。他还和我聊南美洲和北美洲，他说南美洲有很多鹦鹉，北美洲有很多熊。他说是在这里学的。我不相信。但是他很坚持，我想不通他还能在哪儿学这些东西，所以我专门来问您。"我耐心地和这位妈妈解释刚刚我提及的这一系列相关教学。看到她儿子没有撒谎，而且真的学会了这么多知识，这位妈妈感动万分。她由衷地说："真不敢相信，他才四岁！"

在我看来，不是所有四岁孩子都可以这样轻而易举地学会地理常识，这才是让人难以置信的事。我们到一个新地方，比如到某人家里做客，主人会带我们参观，这样我们在屋里逗留期间就会比较自在。那么，我们的孩子来到这个地球，生活在这里，他们渴望了解这个世界，我们有什么理由不给他们一个清晰的介绍呢？

班上的孩子可以随时去地理角，拿出大洲拼图或者地球拼图玩。每一次假期回来，他们都迫不及待地想要知道刚刚去过的那个国家在哪个位置。有人开心地喊："葡萄牙，在欧洲！我去了欧洲！""可是你现在就在欧洲，你瞧，法国和葡萄牙在同一个大洲。""真的吗？"那孩子有点儿失望地说。另外一个去了阿尔及利亚的孩子则惊喜地发现，他踏上了另一个大洲。他之前都没有发现，他坐飞机飞越了大海。最激动的是卢卡斯，他妈妈是日本人，他们刚刚去日本度过了暑假，他是班上走得最远的孩子。

我们再次看到，文化教具只是孩子体验现实生活的一种辅助和补充。只有孩子在生活中切实体验，他们才能最终明白文化概念的内涵。对这么小的孩子来说，关起门教学，纯粹是纸上谈兵，再漂亮有趣的教具，他们也会兴致索然。

几何

我们身边的一切，就是几何的世界：房屋建筑、大部分物体……让孩子学会几何概念，观察身边世界，懂得描述看到的物体形状，可以帮助孩子进一步了解这个世界。如何教孩子认识最常见的平面图形和立体图形，我们有一套浅显易懂的教法。

我们用蓝色几何立方体模型，让孩子观察各种几何形状：球体、立方体、椭圆体、长方体、三棱锥体、四棱锥体、圆柱体。经过几次三段式教学之后，孩子很快记住这些词，尤其对椭圆体、三棱锥体、四棱锥体情有独钟，小眼睛里闪烁着自豪的光芒。

一旦掌握了这些词，他们会很喜欢玩一个游戏。两个小孩脖子上挂着装有迷你立方体的袋子，小手伸进装着宝贝的袋子里，第三个人发号口令：“谁找出长方体谁就第一！”两个孩子迅速在袋子里摸索，第一个找到长方体的孩子，高举小手，他赢了。

几何立方体

孩子从三岁开始，就可以利用几何嵌板多层组合柜，接触各种平面几何图形。一层是大小不一的三边形，一层是各种四边形（梯形、平行四边形、菱形），一层是多边形（五边形、六边形、七边形、八边形、九边形、十边形），最后一层是最常见的基本几何形状。孩子可以从嵌板中拿出自己喜欢的形状，放在地垫上，再一个个放回去。我们会用塞甘三段式教学法，一点点教他们各种形状的名称。

我要再次强调，这些教具活动的用意在于让孩子明白，教室里的教具是为了让他们更清楚地了解外面的世界。意识到这一点，往往就是一念之间，比如他们会突然间意识到窗户是长方形，鸡蛋是椭圆形，20世纪60年代风格的椅子腿是梯形。我们会提示他们注意到生活中的这些小细节。当然，让孩子自己去发现，能给他们带来更大的快乐。

几何嵌板多层组合柜

几何嵌板组合柜的多边形

音乐

当孩子对七声音阶感兴趣，而且可以快速把八音铃按音阶排序的时候，我们就会教他们五线谱上的音符。等他们认得五线谱音符，他们就可以敲出对应的乐音，甚至可以敲出一小段音乐。孩子在自己面前摆出一套八音铃，然后根据乐谱上的音符按顺序敲。他们经常会练习好几次，一直到能整段弹出来。有时候孩子会自己作曲，然后让另外一个同学把小曲敲出来，敲一遍，或者连续好几遍。孩子有空白的五线谱卡，还有木头小纽扣音符，他们可以在空白五线谱上自己谱曲。

五岁孩子在看乐谱弹奏

最理想的情况莫过于有一间单独的教室让孩子练习音乐，这样不会吵到其他同学。这间教室里可以放上各种各样的小乐器，还要有一名大人或者懂音乐的孩子不时陪伴“小小音乐家”一起探索音乐世界。

我们在此简要介绍了地理、几何和音乐，我们还可以用类似的循序渐进的形象教育，让孩子接触陶艺、生物，或者任何一个孩子有兴趣探索的文化领域。

数学[1]

你们知道吗？一个出生仅有几小时的婴儿已经具备了类似对数的感知力。听起来难以置信，但事实如此……研究人员先让受试新生儿听一系列相同的声音——连续4次，或者连续12次[2]，随后让他们看有4个点或者12个点的图片。研究人员惊讶地发现，新生儿对和听到声音次数相同的点数图片，注视的时间更长！这一实验表明，新生儿不仅仅有感知数量的能力，而且视觉和听觉都具备这种能力！不仅如此，他们可以将两种感官知觉联系起来——耳朵听见的声音

---

1 Dehaene, S. (3 mars 2015), «Fondements cognitifs des apprentissages scolaires. Fondements cognitifs de l'apprentissage des mathématiques», conférence au Collège de France; Piazza, M. (20 novembre 2012), «Le goût des nombres et comment l'acquérir» , colloque Sciences cognitives & Éducation au Collège de France.

2 Izard, V., Sann, C., Spelke, E. S., Streri, A. (2009), «Newborn Infants Perceive Abstract Numbers», *PNAS*, 106 (25), pp. 10382-10385.

次数和眼睛看到的点数。当然，这时候的新生儿不可能知道4个点和5个点，或者10个点和12个点之间的区别，他们还不具备如此精确的辨识能力。不过，正是这类实验让数字认知专家们相信，新生儿本能具备内在的数理能力。有了这种内在的本能，还不会走路不会说话的四个月大的婴儿，却已经可以感知加法或减法计算中的明显错误！[1] 在孩子的注视下，研究者把一件东西放进一个不透明盒子，然后再放进一件，如果打开盒子时，盒子里只有一件，或者竟然有三件，新生儿会显露出诧异的表情。他们本能地感觉到一个加一个，不会只有一个，也不会有三个，而是两个。如果盒子里原本有两个，当着新生儿的面拿走一个，而打开盒子时，里面依旧是两个，他们也会露出相同的诧异表情，似乎本能地知道二减一等于一。

对数的自觉感知，在幼儿园大班孩子身上也能看到，虽然加减法对他们来说太难，但是凭借本能，他们可以感觉出结果是否正确。测试者问道："萨拉有21颗糖果，我们再给她30颗。约翰有34颗糖果。那谁的糖果多呢？"虽然他们

1 Wynn, K. (1992), «Addition and Substraction by Human Infants», *Nature*, 358, pp. 749-750; McCrink, K. & Wynn, K. (2004), «Large-Number Addition and Subtraction by 9 Month-Old Infants», *Psychol. Sci*, 15 (11), pp. 776-781.

算不出正确答案，但是大部分孩子都能答对。[1]

那种对数的本能感知从何而来？自出生那一刻起，我们就拥有特殊的神经元联结，只要看到与数相关的事物就会被激活。人类的这种神经元联结早已存在，也就是说自出生之时就已存在，比任何一种教育都更早，远远超乎我们的想象。所以，学校教育不需要教一无所知的孩子建立数学能力，他们早已拥有对数的本能感知。首先一定要知道，进入幼儿园的三岁孩子，他们不仅有感知数的本能，而且三年的生活使这种感知力更为敏锐。刚刚提到的幼儿园大班孩子的那个实验，表明我们都低估了孩子的能力，依然把孩子当作一无所知地去教，只会挫伤其积极性，令他们失去对数的兴趣。数理认知研究建议在教授数学时要基于孩子内在的数字感知，帮他们加强和细化这种感知力。

研究指出，计数[2]、将数量与某个字符（数字）联系起来，是人类细化数理的辨识能力。当孩子这么做的时候，他们可以意识到两个数量之间的区别，比如说5个和7个是不同的数量。研究同时进一步指出，操作数字游戏，使辨识能力更

---

1 Gilmore, C. K., McCarthy, S. E. & Spelke, E. S. (2007), «Symbolic Arithmetic knowledge Without Instruction», *Nature*, 447(7144), pp. 589-591; Gilmore, C.K., McCarthy, S. E. & Spelke, E. S.(2010), «Non-Symbolic Arithmetic Abilities and Mathematics Achievement in the First Year of Formal Schooling», *Cognition*,115 (3), pp. 394-406.

2 计数，即通过数数，获知一组对象的数量。

为成熟，比如做加法、做减法，或者在数字横幅上找出数的相应位置。学习数的序列，可以让孩子知道，连续的两个数，后面的数总是比前一个大，而且两个数之间差一个单位。

我们在热纳维耶就是这么教的。我们知道孩子拥有惊人的本能，我们只是通过计数、把数量和数字联系起来、做循序渐进的数字游戏、在数字横幅上学习数字序列等方法，帮助孩子细化数理本能。为了满足孩子独有的求知欲，我们在短时间内就教他们大数字，他们可以数到100，甚至1000，可以玩以千计数的游戏。结果表明，短时间内接触大数字，满足了孩子的求知欲，激发了他们的本能，细化了他们的数理感知。通过我们的快乐教学，班上的孩子发展了数理能力，可以轻松地数数。这是试点班第二年的部分测试结果[1]：

数字的完整识别：

测试结果表明，所有孩子都熟练掌握数字。只有两个孩子的两道测试题没有拿满分。所有大班龄孩子和一个中班龄孩子通过了口算测试。口算测试其实是小学二年级的内容。拿12分满分的孩子，不仅在班上成绩最好，而且与

1 数学测试题目由曼努埃拉·皮亚扎拟定。认知心理学医生伯努瓦·查理厄（Benoît Charlieux）执考、测评和打分。我记得当时由于教育局规定，所有测试必须在放学后进行，班上只有15个孩子参加了测试。

小学二年级的学生相比也是成绩最好。

数的比较：

我们的测试结果再次表明，孩子在这两个考试中对答如流，对数字的掌握熟练度是同龄孩子中的佼佼者。

数学测试结论：

某些孩子的成绩已远超同龄人，在算术和数字比较两个考试中均是如此。拿到满分的孩子，已经达到了小学一年级期末的水平。有三个大班龄的孩子甚至达到了小学二年级优秀生水平。

我们不详述教学进度或课堂上使用的所有教具，但要介绍可以细化孩子内在数理敏感度的几个重要环节。

我们使用的依然是塞甘博士和蒙台梭利博士设计的教具。这套教具借助计数、识数和“看得见摸得着”的数量操作，更加细腻、清晰、一丝不苟地极大细化了孩子内在的数理感知力。每一种教具针对一个难点，只提一个要求，没有多余的干扰性装饰。孩子的精力集中在需要学习的知识点上，能够效率更好地达成目标。

我从未见过其他教具，可以如此准确地教数的序列，如此聪明、简单、高效地教数量的概念。所以我建议所有幼儿园和小学老师都要试试这套教具，非常形象，循序渐进，连原本不喜欢数学的大人学过后都会茅塞顿开，不再抵触这一学科。

孩子有一条数列横幅，从1一直到200。这不仅可以满足孩子们总想数得更多的强烈欲望，让他们熟悉数字的名称和写法，而且可以一举两得地用形象的方式引导孩子理解线性概念。如上文提到，线性的数列，让孩子明白后一个数字比前一个数字大1，大大强化了他们辨识数量的本能。

1到10计数

我们给孩子的第一个教具是数棒。借助长短不一的数棒，三岁孩子可以逐渐识别从1到10的数字，领会数量概念。孩子很容易注意到数棒的长度不一。

和红木棒一样，最短的数棒长10厘米，代表数字1，
最长的数棒长1米，代表数字10。相邻的每根数棒长度相差10厘米

借助这套教具，每一个数量（1、2、3、4、5、6、7、8、9、10）都是一整根数棒，代表一个整体。以这种方式表现数的概念非常重要：孩子把代表9的数棒拿在手上，他拿的是一个9个单位的组合体。数棒给孩子最直观的数量概念："3，就是3个单位为一组。""4，就是4个单位为一组。"然后让孩子一个一个从1到10 数每一根数棒。正确认识和数所有数棒，有时候需要好几个星期，孩子学会完整数数，不漏掉一个数，一边用手指数一边嘴里念着数，我们称为"数字儿歌"。

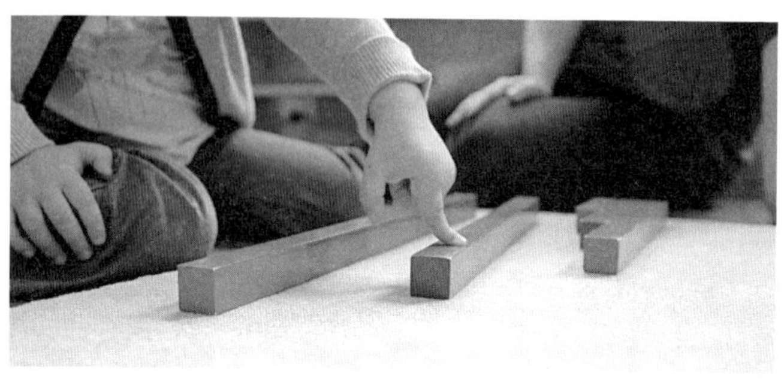

安娜教一个三岁的女孩按照写字的方向从左到右数数

这个教具让孩子对数的理解变得简单快速。孩子不仅可以把每个数看作一个整体，而且可以衡量不同数之间的差别。数量10是一根1米的数棒，而数量1是10厘米的数棒，只有一个单位。发现两个相差巨大的数，孩子会开心地跺脚，根本不需要大人的任何解释。经常给数棒排序，一次次数数之后，三岁的孩子很快就能做到看一眼就知道数量5和数量7之间的区别，而几周之前他们还对此一无所知。借助这个简单易懂的形象教具，孩子内在能力得到开发，速度远超我们通常的观察，这也让孩子们感到非常开心，更加从容。

从1到10数字与数量的关联

学会数数之后，我们开始把数字小木板放在相应的数棒前，教孩子将数量与数字符号（阿拉伯数字1，2，3，4，5，6，7，8，9，10）对应联系起来。

三岁半的孩子将数量与数字对应起来

为了让孩子学会关联数量与数字，我们同时也用砂数字板教孩子认识1到10的数字。孩子可以一边念数字，一边用手感觉砂数字板上的数，这种调动多感官的方法让孩子学起来更容易：同时多感官刺激（视觉、触觉、听觉），集中在同一个信息上，大脑学得更快。[1]研究指出，这种教学法对儿童特别有效，尤其针对有学习障碍的儿童。[2]孩子通过这种方式可以记住大部分信息，数字是一种符号、一个可感知的写法（某种感官感知）和一个名称。在课堂上，如果孩子想不起一个数字怎么念，只需要提醒一下写法，他就能马上想起来。每次孩子想不起来数字名称时，我们会问他："看看是怎么写的，是不是能记起来哪个数字？"这时，大部分孩子都能想起来，激动地喊出数字名称。

一个三岁孩子一边摸着写法，一边念数字

数棒不仅能强化孩子对量的认知，而且帮助他们把数量

1 "读写困难国际专家分享"，是一个非常有意思的在线培训，分享如何帮助读写困难儿童重获读写能力，其中大量引用了本书提到的内容。可参考 www.dyslexia-international.org。

2 Gentaz E., Colé, P. & Bara, F. (2003), «Évaluation d'entraînements multisensoriels de préparation la lecture pour les enfants en grande section de maternelle : une étude sur la contribution du système haptique manuel» , *L'Année psychologique*, 4, pp. 561-584; Bara, F., Gentaz, E., Colé, P. & Sprenger-Charolles, L. (2004), «The Visuo-Haptic and Haptic Exploration of Letters Increases the Kindergarten-Children's Reading Acquisition», *Cognitive Development*, 19, pp. 433-449; Bara, F., Gentaz, E.,Colé, P. & Sprenger-Charolles, L. (2004), «Les effets des entraînements phonologiques et multisensoriels destinés à favoriser l'apprentissage de la lecture chez les jeunes enfants» , *Enfance*,4, (56), PUF; Gentaz, E. & Collignon, H. (2004), «Apprendre à lire avec les doigts», *Médecine et Enfance*.

与数字对应起来。数字是一种基本符号，以抽象的方式记录数量，这样可以轻松地进行加减乘除的运算。抽象概念让孩子的数学能力得以发挥。

培养读写能力，需要孩子明白发音代表一个符号（字母），同样，孩子也要明白数字代表数量单位的组合，每一种“组合”用一个符号表示（数字）。数字是数量的符号，字母是语音的符号。理解这一点，是通往数学简单计算和数学思维的一扇门。不需要和孩子解释什么理论，只需用浅显易懂、巧妙形象的方式展示数学，让他们“看见”事物是怎样的，即使有些孩子仍需要些微指点，但是“顿悟”自会产生。

比如，我们用某种方式摆放数棒，孩子就会明白9加1等于10，8加2等于10，7加3等于10，6加4也等于10。

数棒1和数棒9连在一起，可以直观地看到组合起来就是数量10。把2和8放在一起，孩子可以看到这个组合和之前不一样，但还是10。同样，7和3、6和4，组合起来也是10

组成从1到10的数量

只要孩子学会从1数到10，把数字和数量对应起来，这时候我们就可以给他们“纺锤棒箱”。这一次，孩子自己组合不同的数量，再和数字对应起来。

活动难度提高，孩子兴致更高，现在由他们自己来组合成数量“1”，数量“2”，数量“3”，数量“4”，数量“5”，数量“6”，数量“7”，数量“8”，数量“9”，数量“10”，用相同数量的纺锤棒，放进对应数量的格子里。对刚满四岁、有些还是幼儿园小班的孩子来说，组合数量不是一件容易的事。数零散的单位，比数一个连在一起的整体难得多。首先，孩子要记住已经拿在手上的数量，加一个数一个，直到达到想要的数量，当数量单位（这里用纺锤棒代表）散落在地上时，他需要记住所有的信息！我们总是会让孩子“复数”，检查组合的数量是否正确。因为孩子经常在拿起一个纺锤棒的时候，已经忘记了刚刚是数到6，还是5，还是该从4重新开始数。

一个四岁孩子做1到10的数量组合，把所有纺锤棒整齐地扎在一起，放进相对应的格子里

我们让孩子用橡皮筋把纺锤棒扎在一起。这个动作很重要，让孩子形象地领会“量”的概念，切切实实地感知单位的组合体即为量。

到了这一步，借助有效的方法，孩子已经可以感知数量，他们差不多四岁大，会用东西组成从1到10的量，可以快速区别不同数量之间的区别，并将数量与数字对应起来。

10以上的计数和算术

只要孩子牢固掌握了1到10，他们就会继续用相同的方式探索10以上数量的认知，比如数数、数量组合、数字认识。

我们有两套由爱德华·塞甘设计的数字板教具，帮助孩子学习从11到89的数字以及感知数量。

塞甘的第一个数字板教具，借助三段式教学法，让孩子认识11、12、13直到19的数字。等孩子记住了这几个数字，我们会教孩子组合数量，并与数字联系起来

塞甘的第二个数字板，借助三段式教学法，让孩子学习两位数整数，从10到90。等整数掌握了，我们再教孩子其他两位数，比如42。我们会通过一种游戏让孩子们明白，这里的“4”不再是4个1，而是40个1

教室墙上有一条长长的数字横幅，围绕着整个教室，从1一直到200，帮助孩子认识每个数字。

孩子每天都会随意跟着数字横幅练习认数字。学会的孩子会激励其他同学一起学习，学得更多。就这样，他们每天在教室里天天看天天学，不断巩固，越学越多

孩子非常喜欢这个数字横幅，可以在学长帮助下练习认数字。当他们觉得学会了时，他们充满自豪，非要向我们展示自己的数数本事，不出错地一路数到很高的数字。我们耐心地听他们数，如果有孩子想要一路数到150，那真是需要相当的耐心！不出错，不漏数，最高能数到多少，我们就把他的照片放在对应的数字上。

这种类型的活动孩子都会喜欢，在家里也可以做。数字横幅有很多好处：学习数数，认识数字符号的读写，学习不同数字在数字轴的位置。数字认知的研究明确指出，使用数字横幅作为教具辅助，大大提高了孩子的数学能力。[1]

十进制算法

只要孩子懂得从1数到10，我们就会借助十进制算法教具教他们100是多少，1000是多少，教他们认识个、十、百、千的概念。我们让孩子看到，10是10个1，100是10个10（或者100个1），1000是10个100（或者1000个1）。从四岁开始，孩子有一个形象可见的教具，他们可以数这些数量。这一教具可以直接满足孩子对大数量的求知欲望，在寓教于

1 Piazza, M., « Le goût des nombres et comment l'acquérir », colloque cité.

乐中体会极大的快乐。孩子问我们："100是多少？1000有多大？"当我们给孩子看100是多少，1000是多少时，孩子脸上的表情真的很有意思："瞧，看看这个，这是100，这是1000。"因为1000的珠块由珠板连在一起，孩子不能一个个数，他们会马上数100的珠板。我们还有一些巩固游戏，帮助孩子记住新词。

从左到右：单珠，10珠的珠棒，100珠的珠板，1000珠的珠块

接着，我们给孩子看和这些数量相对应的数字符号：1,10,100,1000。绝大部分时间，孩子都已经知道"个十百千万"的概念，也知道相对应的数字，因为他们每天都能看到学长们使用。

之后，我们教孩子数字1000代表数量1000，那么数字3000就代表3个1000的数量。数字100代表数量100，那

把数字符号与之前学会念的数量对应起来

么数字600就代表6个100的数量。对十位数也是如此，数字10代表数量10，那么数字70代表7个10的数量。这样的解释对孩子来说一点儿都不难理解，他们很快就能把十位数、百位数和千位数的数量与数字联系起来。

四岁的孩子学习把数字和数量对应起来

掌握大数量

利用这一套教具，孩子还可以用形象可见的方式学习加法。两个孩子一组，每人一个托盘，盘子上放一些单珠、珠棒或珠板。比如一个孩子在托盘上放了一个1000的珠块，两个100的珠板，5个10珠的珠棒，4个单珠，然后在托盘上再放上对应的数字：1000、200、50和4。只要正确放置数字卡，孩子就可以看到1254。和他一组的同学选了2422的珠子数量。他们把所有珠子合在一起，放在地垫上，小心翼翼地把1254和2422数字卡也放上去，回忆着加法的算法。第三位同学也加入，开始数地上所有珠子的总和。我们坚持使用正确的术语“总和”，意为加法的结果。第三位同学一个个数，单珠、珠棒、珠板、珠块，然后找出相对应的数字卡，3000、600、70和6，加起来即为3676。孩子学着拼出计算结果，每个人都会开心地大声说出来：“1254加上2422等于3676。”

孩子每天用数字横幅学习和复习数字，他们牢记了所有十位数的名称。只需要一些帮助，他们就可以快速地读出这些大数字。等孩子记住了总和，我们会进一步告诉他们：“你瞧，刚才你数了10个单珠。”然后我们拿出一个珠棒，“10个单珠，等于10。可以把一个珠棒和其他珠棒放在一起。”孩子把这一个珠棒和其他珠棒放在一起，重新又数了一遍。然后从10位数开始，当数到10个珠棒时，我们会告诉他，10个10等于100。我们把10个珠棒排在一起，孩子可以“看到”10个珠棒是100。同样，10个珠板放在一起，孩子“看到”1000。

一旦领悟了加法的概念，就很容易理解乘法。三个同学都做相同数量，比如1254：1254 + 1254 + 1254。我们告诉孩子，乘法是一种特殊的加法，“就是把几个相同的数量加在一起”。孩子把数字卡拿出来，放在地垫上，然后我们让他们用乘法算出来：“3乘以1254等于3762”。

孩子也可以用这套直观易懂的教具，学习减法和除法。做减法时，一个孩子拿出一个数量（比如4843），另外一个孩子拿出想要减掉的数量（比如378），两人一起读减法之后的“差额”。除法也一样，一个孩子拿出一定数量的珠子，平均分给两个或三个同学。孩子们一起计算除法结果，认真地摆出相应的数字。

孩子用两名或三名同学选出的数做乘法，边指边读出计算结果

班上孩子的数理本能得到逐步细化，获得牢固的数学知识。大部分五岁的学生都理解也会做加减乘除四则运算，而且可以给年幼的同学准确地解释计算方式。大部分孩子已经开始心算。两个孩子开心地一起做加法，大声地问其他同学："4000加3200等于多少？"不远处的同学正在涂色画画，虽然不是有意要打扰两个同学做题，但经常大声地脱口而出："7200！"

保护内心迸发的激情

总结一下数理本能对教育法的启示：研究[1]指出数数（越数越多）、认识数字符号（位数越来越多）、计数（数量越来越多）可以细化儿童内在的数量感知，建立牢固的数学认知基础。而且孩子就想要这么做！一个小孩问："妈妈，30是多少？100比30大吗？也比1000大吗？"他试图让自己的数理直觉更准确，他在寻找基准。我们的责任在于给孩子他想要的基准，展示给他们不同数量到底是多少，让他们自己计数、比较，比如用那条很有用的数字横幅。对孩子来说，准确地感知和理解数量，并不比每天听到的虚拟式动词变位来得复

1 Dehaene, S., « Fondements cognitifs des apprentissages scolaires. Fondements cognitifs de l'apprentissage des mathématiques », cours cité; Piazza, M., « Le goût des nombres et comment l'acquérir », colloque cité; Dehaene, S. (2010), *La Bosse des maths*, Odile Jacob.

杂，因为孩子大脑早已拥有针对语言和数量的神经元联结。如果说我们不会因为解释起来太复杂而不和孩子说虚拟时态，那么为何不让孩子接触他们渴望了解的数学文化的方方面面？仅仅是因为我们自认为难以解释、孩子无法理解？

不过，我要明确一点，尽管孩子拥有对数量的直觉感知，热纳维耶试点班取得的数学测试高分，并不意味着他们从幼儿园开始就是神童。在我看来，四五岁的孩子根本没必要为了幸福前途而不得不学会四位数乘法。每个孩子都有自己的兴趣点和强项，不要指望所有孩子在同一阶段、在每一个领域都能拥有同等水平的能力。只是实践表明——同样也是我想说的核心——我们极有可能大大低估了人类生命最初几年的惊人能力，尤其是数学本能，如果孩子考试没考好，不一定是因为我们出的题目太难，反而是因为题目没有达到孩子的能力高度。让孩子完成他们不感兴趣的任务，是一件折磨人的事，有悖于他们的高智力。但并非所有孩子都能这么早就学会这么多，这其实是一件好事。不过，所有孩子都渴望学到多于我们通常所教授的知识。

当孩子走进幼儿园教室时，他们应该看到一个至少绕教室一圈的数字横幅，一直到200、300，甚至1000！ 这时，他们活跃的智慧、仍不为人知的巨大潜能就会获得新能量。

激情保存了下来，这是孩子最大的财富，也是我们的最重要的职责。要知道，等孩子大了，他们也许会为了让我们高兴而做事，可能自己都不知道自己到底在做什么，但还是在各种限制下很努力地做着。他们不再为了自己而做，不再双眼闪烁着光，不再充满自豪，不再三番四次不厌其烦地尝试，不再乐于向年幼的同学展示自己的本事。我们在成长道路上丢失了本真的激情，而正是这股源自内心的动力和活力，指引着我们不断获得胜利。十二个月大的孩子想要学习走路、正想探索世界的时候，如果我们对他说“等一等！先做脚部‘反射性’练习，今年最多练习30次，明年才能学走路”，想想这可能吗？孩子的运动机能一定会强烈抵抗。当一个生命开始想要征服世界的时候，我们凭什么阻止他？我们有什么权利这么做？又有什么理由？难道是教育程序？的确是时候反思什么才是当务之急了。我们宣称必须遵守某个根本不符合个体活力的预设流程，就这样限制了孩子的发展，而事实上，我们限制的不是孩子，我们扼杀的是这种由内而发的激情活力、快乐、自豪、不可战胜的自信、承载着人类智慧和这个社会伟大创新的源动力。我们面对的不是“学生”，不是“学习者”，我们面对的是一群人，他们富有天赋，充满活力，受着内心原动力的驱使，拥有我们远远理解不了的复杂学识。我们才是学生。我们依然很无知，跟不上智力发展的步伐。所以，我们在引导孩子的时候，要保有观察和学习的态度，千万不要妄自尊大。对于孩子的能力，大脑智力的运作，我们知之甚少。

我想反复强调一点，而且说再多次也不嫌多，那就是我们不知道人类的潜能到底有多大，正因为无知，错误的集体信仰遏制了人类潜能的发展。这正是我希望借助此次在落后教育区的试验证明给大家看的，让我们用最谦逊的态度，重新审视孩子这种神奇的生命体。我们应该这样对孩子说："我不知道你如此出色的小身体藏着什么秘密，我甚至都不知道身体是如何运转的，但是我知道，你拥有强大、有章法、精彩绝伦的智慧。我就在这里引导你，不让——绝对不让你拥有的天赋停滞不前。我不知道你拥有什么天赋，让我们一起去发现。"

我还要进一步明确，我们提到试点班出色的测试结果，并非为了让大家疯狂抢购刚刚简要介绍的那些教具。一定要明白，如果用说教的方式，毫无生气、没有激情、没有不同年龄孩子之间天然的互动，那么再天才的教具也无济于事。课堂上，教具只是一种辅助，所有教具均是如此。教具只是帮助提供生动有趣、激情活力的工具，以此满足孩子智力的强烈求知欲。当然，我也承认，这些教具提供了充满智慧的协助。不过，真正让孩子得到充分发展的核心，是孩子们之间积极向上的情谊——互助合作，友爱和善，信任诚恳。因为感觉到爱、关注和尊重，他们才勇于探索，善于提问、分享，耐心地相互示范。这才是与众不同的地方。教室里无须配置更多新教具，孩子更需要的是真实的生活、爱、信仰、自由和激情。只有在这样肥沃的腐殖土基础上，才有可能逐步引入不同的课堂活动。在彻底推翻原先的课堂教育教学之前，我认为当务之急要关注的是大人的态度立场，以及如何培养班级里积极的同学互动。这的确是热讷维耶试点班得以成功的基石。耗巨资购买全套教具，却不懂得如何组建混龄班级，不懂得如何调动孩子的积极性、培养独立自主、互助合作、慷慨大度的处事方式，也是无济于事。明白这一点至关重要。

阅读与书写启蒙

我们说话的词语，由一连串语音组成。我们的前人为了记录语音，实现了最神奇的胜举，那就是发明了字符，也就是字母，代表不同语音，使语音得以停留于纸上。就这样，人类开始写作，也就是把语言转化成符号，变成字符。然后，我们又开始阅读——写作的反向，解读字符，变成语言。这种语音图解称为“字母代码”。

人类生理机能具备语言本能，但似乎不具备处理字母代码的神经元，也就是说不具有阅读和写作的潜能。当今的认知神经学研究指出，大脑在阅读时，“循环利用”[1]最初用于

1 Dehaene, S. (24 février 2015), «Fondements cognitifs des apprentissages scolaires. Fondements cognitifs de la lecture», cours au Collège de France (le cours est accessible en ligne); Dehaene, S., Dehaene-Lambertz, G., Gentaz, E., Huron, C. & Sprenger-Charolles, L. (2011), *Apprendre à lire : des sciences cognitives à la salle de classe*, Odile Jacob.

另一种功能的区域，即人脸和物体识别区。学习阅读时，大脑的这个区编码字符形状，以便日后可以快速地识别。这个区逐渐地被字符和一部分词语占据。为了能够记得身边人的脸，大脑重新整理，将人脸识别的脑回转移到大脑皮层的另一个区域。大自然造就的智能和自动化何等神奇！

阅读促使大脑重组

不过，脑回的重复利用也有某些局限。认知神经学的研究者，例如斯坦尼斯拉斯·德阿纳和他的法国国家健康中心Neurospin实验室，记录了大量儿童和成年人的核磁共振脑成像，包括非文盲、文盲、法语语音者或非法语语音者、富裕阶层人士或贫困阶层人士，以探究这部分脑回的逐步转化情况、机能和运作机制。当然，这一领域的研究仍有待细化和发展，但现有的研究成果已经有了不少宝贵发现。

一项重大发现就是“语音和字符之间的关系必须经过明确解说”。就如同我们经常在地铁上碰到的某一个人，如果没有人介绍认识，即使每一次都可能会打招呼，但我们还是不知道如何称呼他。将一个人和一个名字对应起来，光看到这个人不足够，还需要有人告诉我们他的名字。同样，就算孩子经常看到某一个字母，也许他能记住字母的样子，但如果没有人告诉他，他永远不知道这个字母的“发音”。所以，让孩子背诵单词和句子，却让他自己去发现字母的发音，这是错误的做法。就像让一个人站在一群人面前，逼着他看着所有人的脸，希望他能就这样神奇地知道所有人的名字。如果这个人终于可以把某些名字和人脸对应起来——即使叫不出所有人名字但也不至于茫然无措——那是因为有人悄悄地告诉他名字了。同样，孩子要学习阅读，必须记着一定量的单词和句子，通过耐心地努力学习，如果他真的学会了阅读，那一定是在做作业的时候，爸爸妈妈在他耳边悄悄地说了字母的发音。为了捕捉身边世界的规律，孩子必须极力调动每一根神经，他或许也能自己发现字母和语音之间的关系，但没有人给他清晰的解说，他的阅读能力一定会有欠缺，而父母根本记不得当初孩子多么需要他们的帮助，因为他们自己也不知道解说过程的重要性。孩子很有可能因此对阅读失去兴趣，甚至感到厌烦。斯坦尼斯拉斯·德阿纳曾在书中写道：“课堂教学实践证明，相比那些任由自己去发现拼读规律的孩子，字母和发音得到明确指导的孩子，学习阅读的速度更快，也更明白如何写作。”[1]

---

1 Dehaene, S., Dehaene-Lambertz, G., Gentaz, E., Huron, C. & Sprenger-Charolles, L., *Apprendre à lire : des sciences cognitives à la salle de classe.*

要知道，对孩子来说，脑回的再次使用也造成一些不便：与阅读对应的大脑区域在幼儿园阶段尚未完全“重新利用”到字母识别上。这一区域仍然需要用于识别物体和人脸——过渡期的“同居生活”难免磕磕碰碰。实际上，物体和人脸识别区，可以感知同一个人的左侧轮廓和右侧轮廓，发送信息至神经中枢确认为同一个人。所以，在过渡阶段，孩子看到小写的打印字体 q 和 p，大脑处理区将识别为同一事物。这样的混淆很正常。研究者指出，五六岁期间，混淆情况最为严重。在幼儿园班级里，我们观察到四到四岁半的孩子最容易混淆，因为他们在中班开始接触阅读，大脑神经回路更早开始专注于阅读[1]。所以很有可能，孩子无法即刻辨认出某些完全对称的字符的区别。很多孩子可以轻松地从右到左写出字母的成像图形，这并不奇怪，因为在他们看来都是一样的。

1 幼儿园儿童的大脑成像显示，大脑阅读区的脑回至少在接触阅读一年前就已成型。S.Dehaene于2014年11月13日在法兰西学院的讲座公布了该研究的初步结论，讲座的主题为“认知科学与教育的关系：教师该接受哪些培训”。

随着孩子的神经回路越来越精于字母识别，镜像字符识别混淆和反向书写情况也会逐渐消失。我们要关心和陪伴这个阶段的孩子，虽无须过于忧虑。也要注意过渡阶段不应持续太久。

阅读的重要原则

必须和孩子认真解释每一个字母的发音。阅读学习的第一条大原则：必须教授字母的正确发音，不能放任孩子自己去琢磨。

不过，阅读研究也指出，在教授字母发音之前，首先要引导孩子“聆听单词的音”。也就是说辨别构成话语的每一个最小音节（称为音素）。比如说单词cheval（马），有五个音素[ʃ][ə][v][a][l]，chat（猫）有两个音素[ʃ][a]。听构成单词的每一个音素，是一种“音位意识”，孩子身上的这种意识，关系着他未来的阅读能力。传统意义上说，音位意识首先是音节辨别，例如单词cheval有两个音节che-val，pantalon（裤子）有三个音节pan-ta-lon。幼儿园的孩子开始学习辨别单词的音节，主要是数音节。通常到了大班快结束时，我们会请他们辨别音节中的音素。在热纳维耶试点班里，我们跳过音节，直接做音素识别。其实，不论是困难家庭的孩子还是优越家庭的孩子，说法语或不说法语的孩子，根据我的观察，以及大量经验——尤其是在法国或国外蒙台梭利课堂实践——都清楚地表明，孩子似乎不需要费心学习音节，相反，强调音节反而影响他们学习26个字母。在幼儿园近三年时间内，孩子被训练辨识音节，最终他们会把音节看作是一个不可分割的整体，再学习语音最小的单位音素和字母时就会遇到困难。我们肯定希望能够引导孩子来到阅读的大门前，但是我们的错误方式，却让孩子迷失在纷乱的走廊里。别忘了，孩子的大脑天生可以分析、专注于语言的语音，在生命的最初几年里，没有正规指导，他们也能毫不费劲地练习语音识别。所以，孩子大脑早已分析和记录过语音，现在要做的是教孩子学会聆听最小的语音单位，有意识地听和记。

按照这种方式，我发现孩子非常乐于聆听语音，但不会把单词分割为音节。似乎对他们来说，寻找语言的音是一件很有意义的事，当孩子明白单词是由一个个音组成的时候，他们无比兴奋，就像发现了新大陆。跳过音节，直接做音素识别，对大人来说，这似乎很难教，所以想当然地认为从音节入手更容易。但是要知道，音节识别的效果并不好，我们都忽略了——这个年龄段孩子的智商和大脑运作本身就复杂多变。我们在上文也提到过，近年来的研究表明，事实与我们长期以来的想法完全不同，孩子的语言学习不是一个直线过程，并非从简单到复杂，而是从一开始就能记录各种语言现象。如果从孩子出生几个月起，也就是从孩子语言创造期开始，为了使语言学习更容易，我们只和孩子说音节，然后单词，最后才是句子……那么即使到了三岁，这些孩子也学不会正确说话。比起没有解释、靠自己领悟语法和句法规则，辨听单词的音素不会更复杂。也许这看起来根本是违背直觉判断的事：孩子大脑还未发育成熟，他们怎么能够……然而要知道，孩子小小的大脑里，已经根植了强大的学习机制和无可比拟的复杂分析能力，他们完全可以敏锐地感受整个世界。我们想简化教育，却很有可能反而把事情弄得更加复杂。

无数科学研究旨在探究采用两种基本原则的教学法——教授发音和字母关系、培养音素意识——能否行之有效，这些研究都指出这两种方法显然是最适用于所有儿童的教学法，不论是针对诵读困难症患者，还是学习毫无困难的孩子。[1]

---

1 Dyslexia International – Sharing expertise (www.dyslexia-international.org); Dehaene, S., Dehaene-Lambertz, G., Gentaz, E.,Huron, C. & Sprenger-Charolles, L. (2011), *Apprendre à lire : des sciences cognitives à la salle de classe.*

针对阅读的研究也揭示了另一条重要原理，那就是循序渐进、顺其自然地陪伴孩子阅读启蒙，巧妙地引入新知识。比如建议从简单词语开始，随后逐渐增加难度，比如教不发音的字母，或者虚词助词等（是、和，等等）。

热讷维耶试点班采用的教学法

“聆听组成词语的音、解释音和形（字母）之间的关系、循序渐进地加深阅读”，这是我们奉行的三条教学主线，帮助孩子学会26个字母，快乐地爱上阅读。为此，我们借助玛利亚·蒙台梭利博士的几种教具，根据法语语言特点做了一些改进。玛利亚·蒙台梭利博士的语言学习教具最初是以意大利语为模板。不过，我要再次强调，教具只是一种辅助，帮助孩子激发学习热情。有效陪伴孩子认识单词的最根本也最核心的教育手段，是持续的、一对一的、亲切和蔼的指导。

这也是为什么我给班上的孩子在两年内只做五到六种阅读启蒙活动（有几个甚至还可以再精简）。到了大班，大部分孩子已经可以读绘本了。其他孩子继续做阅读启蒙。因为活动不多，我们可以集中精力满怀激情地和孩子一对一互动。

第一年末，测试结果表明12个中班龄孩子中的9个以及

1个小班龄孩子已开始阅读，而且“班上孩子整体的音位意识高于平均线”[1]。的确，孩子表现出敏锐的音位意识，足以达到小学一年级水平，因为我们没有浪费时间做音节辨识而直接进入音素识别。

到了第二年年底，全部大班龄孩子和90%中班龄孩子都开始学习阅读。孩子如饥似渴地阅读绘本。每两周，我们都会从市图书馆借出50本绘本以满足孩子的阅读需求。他们每天都可以带一本或者几本书回家慢慢看。孩子不再迷恋电子游戏或电视，而更喜欢看书，父母们喜出望外。从日常观察就可以看到，孩子对阅读的渴求，大大提高了他们的语言水平，包括词汇量和句型句法。第二年的测试成绩也表明，孩子的文章理解能力相当于小学一年级水平。

到了第三年，班上已开始阅读的孩子参加了斯坦尼斯拉斯·德阿纳实验室的大脑成像检测。检测结果的完整分析结论尚未成文，不过数据已经表明阅读（和其他孩子一样的常规阅读）带来的大脑重组比同龄孩子超前一年半[2]。

---

1 由Grenoble法国国家科学研究中心的心理学家拟定的标准测试卷。

2 Stanislas Dehaene在2015年于法兰西学院的讲座“课业学习的认知基础”上提到了这些初步测试的结果。可于法兰西学院网站查看讲座内容。

第一条重要法则：听音

我们简要介绍一下热纳维耶试点班如何引导和培养孩子的语音意识。我们在一个漂亮盒子里放了商店里买的迷你模型玩具，一辆自行车、一根绳子、一个小包、一只大象、一顶帽子、一头熊、一条裙子、一个布娃娃、一部小梯子、一个萨克斯管、一架钢琴、一辆卡车、一把椅子、一个摇篮、一个菠萝、一只猫、一只兔子，等等。我们定期更换道具，避免孩子视觉疲劳，而且总是选择名字发音各异——尤其是开口音（第一个音）和结束音（最后一个音）——的物品。

我是这样做的：我让孩子把玩具盒拿过来，我们一起坐在桌前或是地垫上。经常会有三两个孩子过来围观，我们顺势享受这种非正式的表演机会。最初几次，孩子关注的是每一个物体名称的第一个音。为了避免起点太高，我选择3个开口音反差较大的词，不论是发音或者发声位置，比如 chat、lit（床）、ananas（菠萝）。我一边把对应的模型玩具一个个放在桌上，一边说着单词，尤其着重夸大第一个开口音，展示发声位置，让孩子清楚地感受到语音的变化：chhhhhhhat、lllllllit、aaaaaaananas。说完每一个单词，我让孩子跟着模仿，像我一样地说，才能记住发音和发声部位。对于某些听音有困难的孩子，我会配合手势，比如说

gateau的[g]，我会把手指放在喉头，让孩子看到音随着喉头颤动发出来。这种交感教学法对识别某些高难度语音非常有用，尤其适用于非法语母语的孩子。把三个模型玩具放在桌上之后，我们一次次重复物体的名称，总是用夸张的发音方法，让孩子感受到每一个音的区别。

我拍这张照片的时候，玩具盒里有一张床、一头猪、一个轮胎、一个草莓、一条狗、一只蚂蚁、一根钉子、一个橘子、一个水桶、一个竹篮、一把钥匙和一辆自行车

然后我问孩子：“可以给我一个以ccchh开头的东西吗？”大部分情况下，如果之前花时间教过孩子，而且也让孩子用准确缓慢的方式练习过发音，那么这第一个问题一定可以轻松完成。我接着问：“可以给我llll开头的东西吗？”最后再问：“可以给我aaaaa开头的东西吗？”我们换一批模型，重新练习，逐渐增加难度，也就是换成第一个发音越来越相似的词，比如jupe、chapeau和seau。

经过几天或几个星期，当孩子可以轻松辨识我们教的所有词的开口音后，我开始引导他们注意结束语，比如

rame的最后一个发音[m]。依然从反差最大的词开始，比如oursssssss、motoooooooo、chaaaaaaat，逐渐过渡到发音相近的词，caggggggge、hachhhhhhhe、chaissssssse。这样的语音教学每天都会进行多次，每次都和不同的孩子一起做。

语音辨识从三岁孩子入班之后就开始做。某些孩子第一天做就非常兴奋，有些则要过了几个星期才慢慢爱上。我们一般认为，必须掌握了语言，才能做语音游戏。然而，往往是那些口语水平较弱，发音有困难——发音不清、语音混淆，甚至根本不说法语的孩子，更渴望做语言游戏。一开始，连我自己也想当然地让某些孩子再等等，过一阵子再做。但是几天之后，这些孩子按捺不住求知欲望，自己拿了玩具盒，求助于大龄同学。于是，我决定跟从他们的意愿，放弃自己的成见。我做对了，这些孩子从语音启蒙中获益匪浅，他们的大脑已经习惯于另一种语言，无法敏锐感知日常法语的微妙区别，这一教学法照亮了大脑中重要的语音规律。借助练习发声、嘴型变化，他们对法语的感知更敏锐，发音更准确。所以，不同于人们惯常的想法，这些有趣的小游戏练习让孩子的语言感知变得更加敏锐、更加准确。

同时，每天的集体课上，我会问三四个大龄孩子："亚丝明，pantalon这个词你听到了哪些音？" 孩子一边回答一边掰着手指数："[p] [ɑ̃] [t] [a] [l] [ɔ̃]，6个，有6个音！" 这种日常小游戏，每次不会超过四分钟，大大加强了小龄孩子的语音意识。语音拆分辨识对孩子来说变得自然而然。大家一定会询问班上大龄孩子是如何发展如此敏锐的语音感知力的，那么让我在下文介绍几种训练方式。

认识字母符号

当孩子懂得辨识单词的每一个音，尤其是开口音和结束音时，我们就开始教孩子相对应的字母符号：26个字母和字母组合，例如ou、in、oi、ch、on、an、gn、et、ai。这些单音双字母组[1]代表了法语中某些26个字母无法表现的音。同样也会教孩子字符"é"。我们会教和法语的每一个音相对应的字符。所有字符采用书写体，用粗糙的砂纸贴在木板上。

我对孩子说："还记得mmmmmmoto，我们听到[m]的音了吗？让我来告诉你怎么写m。" 我一边读着m，一边

1　单音双字母组指两个字母组合在一起只发一个音的字母组合。

写出来，然后让孩子跟着我做。

根据研究和实践经验，现在我们知道，一边写一边说，可以大大加深记忆，不仅能记发音也能记字形。“发音和字形相结合，是绝佳的教学法。”斯坦尼斯拉斯·德阿纳在他的精彩著作《阅读学习》中也如此说道。研究学习障碍的专家们[1]也证实，结合多种感官体验的交互教学更有效。

大部分时间，一次三段式教学会同时教三个字符，可以是三个字母，也可以是两个字母和一个单音双字母组。

教字母的时候，我们会选择字母最常用的发音（如果遇到一个字母同时代表多种发音）。比如字母c，我们教孩子c的拼读发音是[k]，比如camion，而不是citron的[s]，因为字母c

1 阅读障碍症国际专家分享网站：www.dyslexia-international.org。

在法语中更多读[k]，而不是[s]。

你们可能会注意到，此时我们还没有教孩子字母的名称。有研究强烈建议，字母的名称与字母的发音一定要分时段教，以免造成拼读错误。如果孩子认为字母p发音是pé，字母c发音是cé，s发音是ès，那么他就会将pic拼读为péicé，sac拼读为èsacé，fil拼读为fièl。为了不让孩子产生任何混淆，我们只教字母的发音。我们严格遵守这一原则，因为我们有实际的经验，我们知道先教字母名称（先于字母发音）会给孩子造成困惑。热讷维耶试点班的第一年，有几个中班龄孩子，他们在传统幼儿园上了一年小班，像其他孩子一样学了几个字母名称而不是发音。当他们开始学习阅读的时候，之前的学习变成阻碍，比如mur，他们会读èmuèr，这样一来，他们自然无法知道单词的含义，阅读变得索然无味。我们花了好长时间，才让他们明白m的发音是[m] 而不是èm。对这些孩子来说，阅读入门受到早期不当教学的干扰，而且很不幸的是，不当教学已经牢牢印刻在教育者的脑子里。

当孩子学会阅读之后，他们跟着儿歌，自然而然地学会字母的名称，但前提是孩子可以自然拼读，再不会混淆。只要孩子还不能流利拼读，我们就绝不会教他任何字母名称。

所以，我们不会对小龄孩子说："这是字母éf，读作fffff。"我们说的是："fffff。"

我们用这种方式教孩子所有字母，以及字符é和单音双字母组（ou，an，oi，ch，on，in，gn，ai）。字符é和单音双字母组是这样教的："你还记得在chhhhhhat里，我们听到chhhh的音吗？你看，chhhh是这样写的。"孩子看到的是漂亮的书写体ch，用砂纸贴在木板上。我一边读一边让孩子看单音双字母组的字形，让孩子跟着我读。孩子很喜欢某些单音双字母组，比如ch或ou，都是法语中最常见的音。我们一开始就会教这些字母组，有时候第一次就教，孩子们都能轻松记住。字母组的教学看似很早，但其实著名语言学家、研究带头人利利亚纳·施普伦格－沙罗勒就曾极力建议，要将单音双字母组视为一般字母来教。而我们就是这么做的。

字母h，我们这样对孩子说："这个字母不发任何音，就像一个哑巴。"孩子摸着字母字形，紧闭着小嘴巴，或者会用手指放在嘴唇前表示不发出任何声音。

有了字母和双字母砂纸字板，还有模型道具，孩子学到法语的每一个音，而且是听得见、摸得到的音。当然，一开始，我们先教容易辨识也容易记住的字母和双字母。通常从a、i、o、m、ch、ou、s、l 开始。而且要注意，教这些音的时候，不能有e结尾，也就是说是 mmm、chhh、ssss，而不是 mmmme、che、sssse……否则，当孩子拼读时，比如mur，他们会念成mmmmeuuur，而不是正确的mmmmur。错误的读音，会阻碍孩子领会词意，学不到正确拼读法。不加e结尾的辅音发音，需要一段时间的训练，不过完全值得付出辛苦。如果一开始就没有准确教授，拼读时就会遇到困难。

一起学习

孩子很喜欢向小龄同学展示自己学会的字母，或者两人一起学。他们会选一个字母，一边用手指临摹，一边念字母发音。同学间的共同学习，具有非凡的效力，孩子每天都会花很多时间一起学习字母……而且学得很快。老师严肃教学的成效根本无法与之比拟。有好几次，三岁孩子问我字母的时候，我想教他几个字母，可他根本记不住，因为他还太小。于是我引导他做其他活动。但是大部分时间，他还是和其他孩子一起学字母。几个星期之后，我坐到他身边，想再尝试教他字母，却惊讶地发现他已经“自己”学会了很多。

同样，两次字母教学之间，如果周一我教了三个字母，周三再教另外三个字母，这期间，只要孩子和同学一起学习字形，就能很快记住，而且学得更多！更极端的一个例子，在第一年，有一个名叫伊利耶斯的三岁男孩，他想要我教他拼读，他希望像大部分中班龄同学那样可以兴致勃勃地读童书。当时是试点班第一年，我觉得对他来说拼读真的为时太早，而我引导他做的其他具有挑战性的练习同样也很重要，尤其是我认为更适合他的年龄段。当时，我没有尝试教他几个字母，只是判断他应该记不住字母发音。他要求了三四次，看到我没有同意，于是开始自己学。一天上午，他拿了砂字板，按照顺序整齐地摆放在地垫上，然后拿起一个字母，跑去问中班龄同学如何发音。问好之后他回到垫子上，反复练习发音。我欣慰地看着他，没有阻止他，但内心依然觉得为时过早。两天后，当他再次自学字母时，我发现他牢牢记住了字母的发音。我决定拍下这个孩子的历程。这绝对是明智之举，因为三个星期之后，这孩子认识的字母已经可以让他自己拼读单词了。他觉得自己可以尝试拼读，于是他拿了写着动作口令的识字卡（这个游戏是为已懂得拼读的大龄孩子设计的）。我赶紧打开摄像机，想录下这孩子勇于探索的精彩瞬间，和孩子妈妈分享。当看到孩子真的拼读出卡片上的单词时，我简直惊讶得说不出话来！他手上的识字卡写着“Chante（唱）！”“Chhhhhaaannnte, Chante !”他像胜利者一样骄傲地念出来，脸上洋溢着快乐和自豪。他唱起了歌。然后又继续拼读其他识字卡。他的经历，给我上了一堂难忘的课。

绝大部分孩子即使用手指临摹砂字板上的字母，也不会拼读，必须配合其他教学。但这次经历告诉我，没有绝对的规则，关键是要让每一个孩子释放内心潜能，激发活力。

加强字符理解力

等孩子学会了一定数量的字符，我们让他们自己用字母或字母组组合单词。这个年龄段的孩子还不懂得写字，这个活动可以帮助他们有效地掌握字母，灵活运用。我们首先让孩子组合玩具盒子里经常用来识别语音的物体。比如我们帮助他们一起组合单词sac（背包）。先让他们听第一个音，在垫子上放上相对应的字母。于是他摆了一个s。接着他听到[a]，摆了字母a。最后听到[k]，又在a后面放上字母c。孩子这样做是在排版，解读语音，并按读音给字符排序，而且要根据拉丁语从左到右的规则。对孩子来说，从左到右的规则，一开始并不明显，但他们很快就能记住。

可以先从简单物体开始。不过，我们很快就会让孩子排版他们感兴趣的类别单词或词组，比如颜色、动物、不同恐龙的名称、家里成员的名字等。在这个阶段，不用太在意单词是否拼写正确，因为孩子还不懂得检查。关键让他们爱上拼读。如果他拼的是sak，而不是正确的sac，没有关系，我们已达到目的，因为他不仅听出了所有的音，排出了代表音的字符，而且遵照了从左到右的正确顺序。四岁孩子能够完成这项任务，说明他已经进行了三重探索。只有当孩子有意识有能力检查自己拼写时，才可能做到完全正确。

一个孩子用字母和字母组拼出cochon（猪）和vis（钉子）

自主阅读起步

几天之后或几星期之后，随着孩子定期练习单词拼写，解读语音变得越来越自然。当解读越来越容易时，孩子开始自发地检查拼写，cheeeeevaaaal、sssso、poooouuuupé、llllllaaaapiiinn、mmmaaaaammman，他们大声地一个个检查刚刚拼出来的单词。他们不知不觉中开始自然拼读，作为老师的我们为此激动不已，孩子却不知所以然。热讷维耶试点班的第一年，每一次看到孩子自发地拼读自己拼出的单词，我都无比感动，惊讶于事情就这么发生了。我开心地对孩子说："瞧，你已经会读书了！"孩子一脸茫然地看着我，不理解他刚刚做的事为何能令我如此兴奋。我想，孩子甚至都没意识到他们已轻松地开始拼读入门。其实拼读对他们来说，就像小宝宝顺其自然地开口说出第一个词一样。

我记得有一天，我和一个孩子面对面坐在地垫上，帮他组合几个喜欢的单词，拼的是家里哥哥和姐姐的名字。四岁的尤尼斯从地垫旁边走过，他一边走，一边读出刚刚组合的单词。我喜出望外地转头看着他，我竟然才发现这个孩子已经懂得拼读了。同年，尤尼斯的妈妈激动地告诉我，尤尼斯甚至在教普通幼儿园中班的孪生弟弟阿明如何拼读。尤尼斯没有做特别的事，他只是教弟弟字母学习的诀窍：字母的发音。尤尼斯总是在家里看书，每次都看得哈哈大笑（他特别喜欢诙谐的书），于是弟弟也受感染想要学会看书。

当我看到孩子自发开始拼读时，我的心情无比激动。没错，阅读不应该是一件复杂、让人畏惧的事。阅读不过是天资聪颖的孩子又一次轻松的胜利。所以，阅读困难的根源更多是我们教学方式有误，而不是孩子的能力问题。我看到无数老师听到这一点后都如释重负，我感到很高兴，很多孩子终于可以不再精疲力竭地做那些枯燥无效的练习。

当我感觉到某个孩子跃跃欲试时（尤其是他积极主动组合单词时），我就会拿出一个托盘，放上一些空白卡片、一支铅笔和一个订书机。我把托盘放在小桌子上，和孩子坐在一起。我在卡片上写了一个语音词[1]，比如mur、vis或者lavabo（水槽），然后把卡片递给孩子并对他说："你看，我给你写了一个小秘密，你想读出来吗？"孩子好奇地睁大眼睛，把卡片小心翼翼地接过去，努力地拼读："vvvvvv iiiiiiisssss，vis!"为了确认他的确知道，我对他说："说对了！你可以把我写的东西找出来，放在卡片旁边。"孩子开心地蹦蹦跳跳，满教室找（其实就在用来学习语音的玩具盒里）。我又写了四五个语音词，

1 语音词指每一个字母都发音的词，比如西班牙语的单词，一个字母对应一个音，不会有"陷阱"。——译者注

每一次孩子都拼读出来，然后跑去把我写的东西找出来。我把卡片钉起来，放学后，孩子骄傲地拿着战利品回家了。

孩子会在家如饥似渴地复习“战利品单词”，一个人，或是念给父母听。这常常会引得父母又给他们写好几个单词。第二天，有些父母会告诉我：“我们整晚都在学单词！他玩得停不下来。”

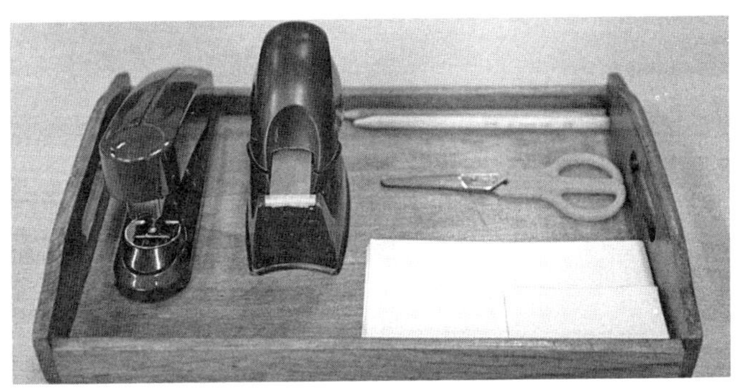

这就是让孩子快速地、兴致满满地学习拼读的主要工具：纸、铅笔（再准备一支红笔，用来写单音双字母组），一把剪刀用来剪卡片，一个订书机用来装订孩子的战利品，还有一卷胶带（当遇到无法拿到桌上的东西比如墙壁、裙子或水槽，我们就让孩子把卡片贴在对应的实物上）

孩子以这样简单易懂、生动有趣的方式发现拼读，就像打开了神奇的密码锁，把字母（或字母组）变成语音。别人不需要说话，凭借书写的词汇他们就可以知道别人的想法。比如我在卡片上写了一个词，我不需要开口，孩子就可以通过拼读知道是哪个单词，知道我想说什么，这对孩子来说如同掌握了密码锁，打开了全新的沟通方式。我向你们保证，一旦孩子意识到阅读和拼写的实质是一种沟通方式，而不是毫无乐趣、没有互动的课业任务，他们一定会跃跃欲试、求知若渴。有些孩子意识到这一点之后，连续好几天不停要求老师给他们写字，甚至自己组合单词和同学们玩，或是把自己的发现和更小的同学分享，而小同学即使不能完全明白他想要说什么，但依然会认真地听他说。此外，孩子运动机能也在不断成熟，连续几个月触摸砂字板，他们已经记住字母的写法，不再需要借助字母模型来表达自己的想法。这时候的孩子，根据语音拼写，逐渐随着定期阅读训练，开始学习法语正规拼写。孩子像一开始学习说话一样，也会积极地学习拼读。

于是，一切词汇都成为学习的对象，广告牌、零食袋、洗澡时看到的沐浴露瓶子，甚至是父母手机里的短信，他们都想拼读，想知道文字里隐藏的信息。不管有没有学过，他们都会尝试拼读，就像考古学家尽其所能解读古埃及象形文字一样。

不论是组合字母之后自发拼读，还是写在卡片上的词，只要孩子开始拼读，他们就可以逐渐使用拼读卡袋，里面有4袋是简单语音词（不含字母组），其中2袋含有不发音字母；1

袋字母组（on, ou, ch, an, oi, gn, asi, in）。每一个袋子里都有10张图，孩子必须找出和图相对应的单词。这套教具的关键是选择高质量的图片，以及能够吸引孩子兴趣的、常见的词。

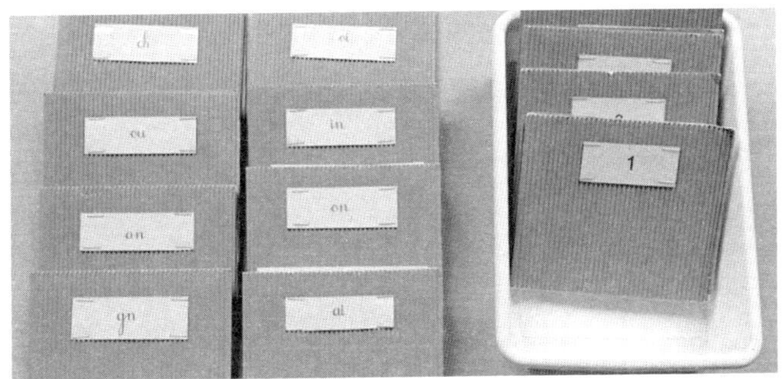

12个拼读卡袋

四岁孩子在拼读卡片上的单词，包含不发音字母。读出之后，孩子再把单词和图对应起来

用拼读卡袋学习，和在卡片上写秘密单词一样，孩子都需要把单词拼读出来，知道是哪个词，然后找出对应的实物。拼读卡袋略微抽象一些，因为不再是实物，而是图片，不过这对孩子来说根本不成问题，因为他们已经受过了生动具象的游戏训练。拼读卡袋只是加强了孩子的互动学习，并不是真正的教学。真正的教学是我们和孩子每天共同度过的快乐、亲密、温馨的时光。教具只是辅助，纯粹依赖教具成效微弱，毫无意义。

其实，我依然会每天定期给孩子写字母卡，根据每一个孩子的不同进度，选择合适的单词。比如有一个女孩对单音双字母组ch掌握得很好，但是on就比较弱，我就会拿出托盘，给她写一些带on的单词。之后她还可以利用on的拼读卡袋加强练习。

安娜给一个四岁孩子写带有单音双字母组on的单词。写了10个单词之后，只要孩子想要，她都会多写几个，然后把卡片用订书机装订起来，交给孩子。这样孩子自己就可以用卡片和“on”的拼读卡袋做练习

从拼读到自动识别

开始拼读之后，孩子进入一个格外需要集中注意力聆听语音的时期。比如像sac这样简单的词，他首先要识别出字母s，与发音[s]对应起来，再认出字母a，与发音[a]对应起来，最后认出c，与发音[k]对应起来。孩子大声地读出一串语音ssssssss——aaaaaaa——c，他认出了单词sac！这一步骤被称为解码。这是第一步，需要孩子们集中注意力，有意识地努力辨识。不过，渐渐地，解码过程不再需要有意识的拼读，变成一种自然而然的自动识别。

几周之后，当孩子再次看到曾经见过的单词时，大脑对字母串和语音的分析速度会大大加快，不需要费力拼读。孩子阅读量越大，大脑识别和分析熟悉单词的速度越快，变成“自动化”，或者也可以说是“直通”阅读。也就是说，他们不再感觉有一个解码和拼读过程，而是直接得到语词的含义。就像您一样，诸位读者，你当下正在阅读我的文章，眼睛扫过语词，可以马上得到它的含义，根本感觉不到解码和拼读的瞬间。然而研究显示，大脑也经历解码和拼读，只是速度很快，几乎觉察不到。大脑并不是一股脑地辨识单词，而是有一个或快或慢的拼读过程。

读词

拼读解码是一个费劲的过程，神经回路被重新利用，用于阅读。对孩子来说，这只是一个或长或短的过程，他最终会进入自动阅读。为了不让孩子气馁，尽快进入下一阶段，我根据每一个孩子的进度，每天和他们复习一些单词，鼓励他们，帮助他们加强自动阅读。我请安娜一起，每天都给刚刚开始阅读的孩子写一些单词。在热纳维耶试点班，用高效的快乐方式陪伴孩子阅读入门是工作重点之一，我们保护这个阶段的孩子的激情。对孩子来说，这有时并不容易，所以我们坚持一对一的指导，及时了解孩子的需求，根据他们的个性和进度给予最贴切的支持。

在这个阶段，大部分家长在孩子们的强烈要求下，也会开心地配合他们。

这个四岁的小女孩刚刚开始阅读，
正在拼读安娜为她写的单词

每一天，我多次和孩子一起学习，我写10个单词卡，订起来，而且根据孩子的进度，逐次逐步加大难度。遇到不发音的字母（法语中很常见），我在字母下方划横线，再把单词卡递给孩子，孩子都知道横线表示字母不发音，例如barre、vis、mur、vélo、jupe、tapis、sol、pot、sac、cube、chaton。孩子很享受这样的开心时刻，我也坚持这么做，周而复始，尽全力让学习变得有趣，让孩子充满激情。正是这样每天有规律的阅读学习，一对一的互动和快乐模式，让孩子快速完成拼读阶段，开始了真正的阅读。

这些分享的时刻，帮助每一个孩子取得进步。对孩子来说是自然而然的事，而不是按部就班的学习，他们只觉得是一种分享，一种快乐的胜利！

尽管被孩子缠着一次次给他们写卡片，但大人其实也都很享受这种互动，“阿亚，可以给我写几个秘密吗？求你了，就写一个。”不必说，大人肯定不会只写一个词。

为了让阅读更加有趣，孩子们有一个抽屉柜，每个抽屉贴有号码或者分类标签（各大洲、几何图形、教室物品等），抽屉里是十几张相对应的单词卡。孩子认出单词，可以剪下来，贴在对应的实物上。还有一个抽屉是班上每一个孩子的名字，孩子尤其喜欢这个抽屉，他们把卡片剪下来，贴在对应的同学肩膀或前胸上。还有一个动物名称的抽屉，他们可以在篮子里找出对应的动物模型，把单词卡贴上去。

很多到访热纳维耶试点班的视察员、研究人员或记者，都会被孩子在裙子、裤子或背包上贴上单词卡。有些人甚至都没发现，直到晚上回家才知道自己做了一回教具。这时，他们往往会立即给我发消息分享这一喜悦。

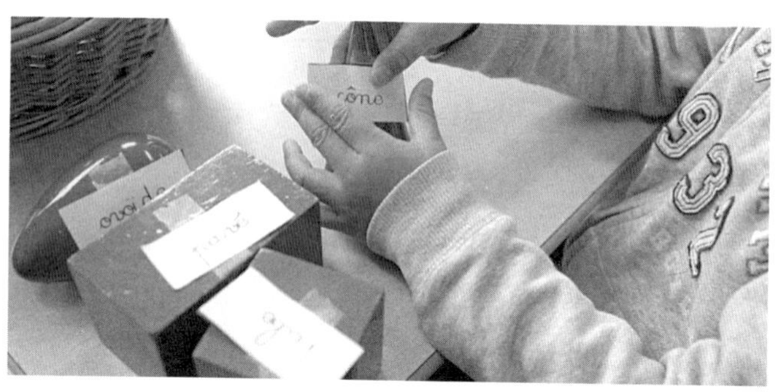

四岁孩子在几何模型上贴上对应的单词卡

读句

当孩子可以轻松地认出单词（三个音的单词）时，我们开始给他们写短句，一般都是动作指令，这样可以让我们知道孩子是否真正领会了句子含义。短句难度逐渐加深："Ris！"（笑）"Roule !"（滚）"Dis: 'trois' !"（说："三"）"Sonne une cloche !"（敲铃铛）"Roule sur le tapis !"（在地垫上打滚）

"Salue un camarade !"（和同学问好）"Regarde le plafond !"（看屋顶）"Traverse la classe, ouvre la porte et referme-la."（穿过教室，把门打开，再关上。）

我们也有一套塑料卡片，印上类似的动作指令，这样孩子可以拿着卡片，和同学们玩。孩子也逐渐领会了不发音单词的规律，不需要再给字母加底线。在打印好的卡片上，不发音字母用灰色标注。孩子玩卡片次数越来越多，最终不再需要强调提示不发音字母。读过看过很多次之后，孩子给同学写动作口令时，也会加上不发音字母了。我还记得有一天我捡起掉在地上的一张卡片，上面写着"Fais moi un bisoue"（亲我一下）[1]。这孩子不仅写对了s，而且他已经领悟到语法规则，还想到了在bisou后面加上字母e。的确，教室里经常可以看到joue（面颊）、roue（车轮）和boue（泥浆）这几个单词，因为在单音字母组ou的单词卡袋里可以找到，所以孩子自己提炼出规律，在ou之后加上了e。

一直到这个阶段，教具（拼读卡和动作卡）上的字母都是用手写体（连体写法），就像孩子们最初看到的那样。不过，研究阅读的神经科学家认为一旦孩子可以自发阅读，并能轻松

1　单词bisoue（亲吻）的正确写法应为bisou，结尾没有e。——译者注

四岁男孩在读一张事先做好的动作口令卡，不发音字母仍然用灰色标识，以帮助孩子顺利拼读

读出句子时，他们的大脑就可以识别不同字体。我们真的不知道这是什么原因，孩子的大脑又是如何做到的。的确，班上的孩子可以读懂连体写法的句子，而且没有人教他们，他们也能识别手写单词（不论大写或小写）。当孩子懂得读句子时，他们会自发地开始自己或和同学一起读手写体绘本。他们自己，或是在同学的帮助下，发现并解读出这种新字体。认不出某一个字母或者字母组时，他们就会跑过来，指着不认识的字母问我："塞利娜，这是什么？"我告诉他们答案，然后他们跑回去，继续阅读。

这时候的孩子开始很自然地阅读简单绘本，他们会遇到一些新字母组，例如ph、eau、au、est、et，这些字母组的发音和之前学过的单字母发音一样。这时就该教孩子同音异义词。我们有一个针对同音异义词的游戏。不过，这三年里，我只用了三四次，因为孩子通过阅读自己喜欢的书，已经在不知不觉中掌握了这些字母组的发音。

我们没有其他更多用于阅读教学的教具。孩子建立良好的拼读基础之后，我们将精力和工作重点放在维护一个漂亮的读书角上，提供不同难度、多种主题的书籍，满足每一个孩子的求知欲望，保护他们的读书激情。

阅读书籍

每一周，我们都会到市立图书馆借出新书。我们不是根据书的教育性来挑选，我们衡量的是能否点燃孩子的读书激情，不是从我们自己，也不是从教育观察员的立场来做选择。这一点至关重要。孩子学会拼读之后，如果书本没有吸引他们、没有激发他们的阅读积极性，自发阅读就会失效，而且很可能削弱已掌握的拼读本领。

在热讷维耶试点班，我们注意到，最能有效激发阅读热情的书，是那些可以逗孩子发笑的书，他们会连续读上十多遍，每一遍都能和同学们笑成一团。阿兰·勒索的《爸爸》丛书、斯特凡纳·布莱克和马里奥·哈默斯的绘本，都是孩子们的最爱。很显然，这类绘本丝毫不影响孩子喜爱文学。广博的主题、有趣的插画、童趣的语言，都是吸引孩子的亮点。在儿童文学海洋里披沙拣金，指引我们的明灯无疑是孩子的阅读激情。

读书角很快成为教室里的热门区域，孩子在这里培养阅读热情，一起笑，一起讨论，同学情谊也得到不断加深。我们很注意让这个区域保持舒适、整洁、明亮、宽敞、不嘈杂，有足够多的书以吸引孩子的好奇心，但又不至于太多以免凌乱。

每天，我也会在集体课上读一些新的故事。这是一种动态的阅读，不是说教，我总是绘声绘色、幽默诙谐地一口气讲完。孩子们深深被我的故事吸引，越来越渴望能够自己看书，自己读故事。我不会每页都停下来问大家是否理解，除非真的有需要。对我来说，讲故事的目的在于让孩子们感受到阅读可以带他们前往奇妙的大世界。

有时，我会一边讲一边请安娜用夸张的方式做人物旁白。孩子自发地模仿这种方式，他们会三两个围在小桌子旁，一个人讲故事，另外两人表演故事里的角色。他们一起开心大笑，有时候也会因为台词分配起争执，不过很快就平息，因为大家都想要继续把故事讲完。满足读书的欲望，分享新发现，令他们无比开心。有些孩子整天都在看书，到了家里也看书，让父母们刮目相看。大部分孩子不再迷恋电视，而是请父母帮忙去图书馆借书。有位妈妈在视频中说道："要是她带回来10本书，她会当晚一口气看完……她甚至比读二年级的哥哥还厉害！"有位爸爸也说道："晚上睡觉前，是她在床上给妈妈讲故事！"

孩子独自或者和好几个同学一起读书，然后告诉我，他们想在集体课上自己讲故事。每天——几乎每天——都会有一个或者几个孩子给大家讲故事，声情并茂，绘声绘色。

一个小女孩正在集体课上给同学们读故事

达到这一水平，我们主要借助于6种教具（幼儿园三年）：辨析语音的小模型、砂字板、活动字母、10个阅读卡袋、单词贴纸、同音异义词小手册（使用率很低）。最核心的"教具"就是人。我给予孩子的个性化、及时、热情的回应与支持，加上安娜的帮助，让孩子开心地爱上阅读。我们每周都会提供十几本书给孩子带回家看。2015年，斯坦尼斯拉斯·德阿纳在关于习得基本原理的讲座上也证明，生动的、非说教式的方式至关重要。他请教师们将精力放在字符教学上，一旦孩子理解了字符，就不需要繁复多样的课堂活动，关键是激发孩子的阅读激情，创造积极氛围让孩子爱上阅读。

人们通过听和说，自然而然地掌握口语的不规则点，同样，文字的不规则点也会通过听读领悟和掌握。

自发书写

字母和字母组的砂字板，是孩子书写入门的准备。用手指临摹砂字时，大脑记住了手指动作，这也是为什么砂字板要采用手写体的原因。孩子在不知不觉中训练了文字的书写手势。不同语言的手写体不同，例如英文字母的手写体不是连字符，那么就不需要训练孩子学习连字符的笔画。

在法国，孩子初学写字时，我们仍然用“棍棒字母”（硬邦邦直挺挺的大写印刷体）教他们，然而对孩子来说，这种字体既无益于手写，也不利于阅读。幼儿园三年之后，我们会要求孩子不再写这种笨拙的字体，因为写起来很费劲，甚至看着都让人不快。几十年来，我们一直教孩子“棍棒字母”，很可能是因为大家认为对孩子来说写直线笔画比曲线更容易。而对我来说，我从来没见过一个三岁的孩子会自己画出笔直的横线或竖线，他们的涂鸦从来都是歪歪扭扭，弯弯曲曲，一个圈又一个圈……画横线和竖线需要一定的运动机能和控制机能，这都是刚进幼儿园的孩子尚未具备的能力。简化启蒙只是一种不切实际的假想，反而增加了孩子书写的难度，不利于孩子顺利学习和掌握，容易令孩子气馁，失去兴趣。

对孩子来说，用手指临摹花体字符，潜移默化中熟悉书写手势，反而是一种更合适的训练方式。等孩子的运动机能发展到一定程度，他们根据大脑记忆的手势自发书写，根本不需要一次次地练习a的连字。等到了四岁左右，一旦他们运动机能成熟，之前做过无数次的临摹动作会帮他们无师自通地正确写出字母。而且，孩子已经学习了组合单词，用活动字母一个一个地按序排列，现在，很多孩子能够自己写出完整的单词，他们看到有纸就想写，他们的名字、同学的名字，或者其他词，而且是手写花体字。我们曾在教室里找到几十张小纸片，上面都是孩子稚嫩的笔画，只是猜不到到底谁是作者。

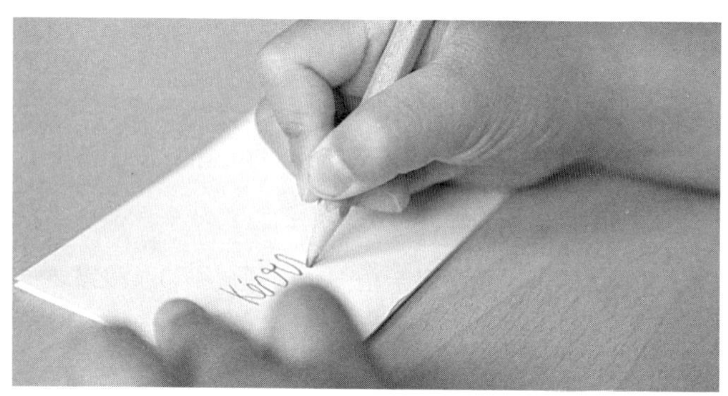

四岁孩子在安娜给他的一沓单词卡背后，尝试写下自己的名字。我拍下了这一幕。注意他写的是一个大写的K，我们允许孩子写大写字母时不用手写体，而用印刷体

孩子开始自发写字，而我们能做的就是帮助他们写得更好。我们开始让孩子用本子写。他们很喜欢本子，自己练习写字母，写单词，在两行之间写句子（经常是抄童书上的句子）。横线的宽度渐渐缩短，大班毕业时，几个五岁孩子可以在3毫米宽的行间距里书写自如。

虽然孩子从没有受过正式的直接笔法训练，但是第一年末的测试结果表明，班上所有孩子的“眼手协调准确度优于平均数”。我们给孩子在写字前的“笔法训练”，就是给曼陀罗自由涂色，描各种形状的轮廓，上色，画点。三岁半、四岁的孩子都非常喜欢。

丰富的词汇量

孩子拼读时，例如“aaaaaaarrrrrrmmmmoirrrrrrrre”，他们会大声地读出来，努力把所有音连在一起。拼读组合时，对孩子而言日常的词汇量将是一种支持。如果单词armoire在他的词库里，那么他会立即认出“Armoire！这是Armoire！”如果是一个陌生词，即使拼读正确，他也会睁大眼睛看着你，一脸疑惑，不知道自己拼读出来的是什么词。这种“演绎法”是阅读入门的重要支持，所以需要帮助孩子积累丰富的词汇量。拼读和领会词义之后，大脑将发音和词义对应联系起来。当再次看到同一个词的时候，他能更快识别。相反，如果孩子拼读出单词却不理解词义，无疑会影响进度，阅读积极性也将受挫。所以，我之前也曾多次提到，班级交流的多样主题、准确用语、丰富词汇，是我们关注的重点。

孩子学会拼读之后，阅读大大地增加了词汇量。孩子读得越多，词汇越广。孩子的身边人也受益匪浅。随着不断增加的阅读，孩子给小同学讲故事，他们听得津津有味，学到了很多新词，有时他们会突然打断故事发问（和大人一起时打断频率少很多）：“尤尼斯，这个词是什么意思？”此时，词汇量的获得是动态的，生动，互动，完全可以通过人际交流来学习新词。

人际交往的重要性

给每一个孩子不被打扰的一对一时间，完全个性化的指导——关注和热情在这一刻只属于他，这么做不需要任何成本。和每一个孩子建立联系，激发他的积极性和自信，是孩子智力发展的第一动力也是核心动力。教具只是辅助，设定合适的活动目标，丰富教学活动，支持教师的每一步指导。一旦孩子掌握了教具辅助的学习方法和目标，我们几乎可以忽略教具。需要牢记一点，教具只是一种巧妙的工具，让我们得以更好地指导孩子，而培养孩子智力发育的核心是大人和孩子之间积极、稳固、默契、相互尊重的关系。后文我们还将进一步展开讨论，在此只是再次提醒读者。在热讷维耶试点班，我们的工作核心，也是我们尽全力给予孩子的，是陪伴、耐心、尊重、理解，是遵循并根据每一个孩子的个性、兴趣点和进度节奏来教学。

阅读、释放自己

本章节将近尾声，我想告诉读者，培养孩子的阅读能力、阅读兴趣并不是一件小事。阅读不仅促进思维，也不仅是保持良好社会关系和职业成功的钥匙，阅读能力能引导“解放”，使人拥有独立、拥有独自获取任何一种知识的自由。除了当事者本人，无人能替代，无人能确切知道他到底缺乏哪些助力成功的知识，而阅读可以让他不受限制地弥补知识缺陷。我们的任务，不是引导孩子成为我们希望或想象他能成为的那种人，也不是弥补所谓的缺陷，而是赋予他得以保持自我和创造激情的能力和手段。爱是其中一种，阅读则是另一种。我们责任重大。除了无条件的、热情有力的支持，还有一个主要任务就是让孩子掌握语言文字，领会其中的奥妙、严谨和神奇，继承前人留下的数百年的文化瑰宝。

我们也许并没有天生具备用于阅读的神经回路，但是大自然赋予我们能力，让我们的大脑皮质神经得以重组，将原本是面部和物体识别的重要神经回路用于阅读，这无疑是人类充分发展和进化的最重要能力之一。

家庭教育

很多人问我，感官教具、文化教具、数学和阅读写作的教具，能否在家里用，作为课题教学的补充，或者在家里设小课堂。我希望借助本书的不断提醒，请读者牢记，不论在家里还是学校里，教具都不是重点，关键是我们能为孩子提供丰富的、身临其境的、真正的体验：和不同个性、不同文化、不同年龄的人交流和相处，读大量情节各异、画面风格多变的故事书，唱歌，画画，捏泥人，折纸，跳舞，自由玩耍，听音乐，大笑，旅行，游泳，观察动物，研究大自然，搭积木，在林子里搭小木屋，或者就是什么都不做，天马行空地幻想。

不管在学校还是在家里，可以让孩子自愿加入活动小组，比如照顾小动物，种植花草，绘画，捏泥人，散步，欣赏戏剧，唱歌，练柔道，听音乐，玩乐器，跳舞，做饭，做手工，研究天文地理，投入大自然，做瑜伽，等等。学校里每周都会有外来志愿者或者有一技之长的学生家长，组织某一方面的兴趣小组。

所有这些得到各方支持的生动有趣的活动，为孩子不断探索提供了条件，是对孩子智力培养的宝贵支持。这些活动让孩子的可塑性智力越发丰富，甚至可以说是不可替代的，我们应该尽全力让孩子从中受益。教具只是活动中的一种道具，一种辅助，让孩子的体验更加有趣、更准确。

所以，如果在家进行辅导，那么要想好，活动一定要有利于孩子培养对世界直觉感知、加强对亲身体验的理解力，否则毫无意义。智力发展离不开感知，就像身体需要空气一样。家里的活动，必须与真实生活密切联系，激发孩子的智力和积极性。

另外还需记住一点，孩子独自一人玩教具，成效甚微，只有不同年龄孩子一起活动时教具才能发挥最佳作用。也许你花费了不少钱，为家里购置了全套教具，但是却少了最核心的部分，也就是让教具发挥作用的环境：有小同学可以让您的孩子展示自己学会的本领——展示的同时自己也巩固了知识，有大同学可以让他充满羡慕、崇拜地观察模仿，不懂就问。任何大人都比不过这种催化能量爆棚的小社会。一个大人，两个甚至三个，即使有全套教具在手，也不能像在混龄环境里那样让教具发挥最大能量和功效。

总之，在家里为一两个孩子开小课，在我看来，不可能真正奏效。几年前，曾有一位母亲在家给三岁的男孩亲自授课，但最终证实成效甚微。她花费了很多钱购置教具，布置了一个漂亮明亮的活动空间，但是她儿子似乎对各种活动都不感兴趣，很少待在活动室里，这让她很难过。这里缺少了同学相伴这个催化剂。不再是同学间的争强好胜，而是妈妈眼中的强烈期盼。她渴望教给他很多东西，可是，尽管她付出全力，即使拥有所有漂亮的教具，凭借她一己之力，依然无法比拟一个丰富多样的社会环境带给孩子的能量。

我想，最佳的方法，或许是选择最适合的游戏活动和教具，让孩子保持动力和激情，尽可能创造一个能够释放活力的人文环境，让孩子拥有丰富多样的直观体验、感受世界，而不是听大人说教。我鼓励每一个孩子自己去选择、体验、犯错，跟随内心的激情，感受真真切切的快乐。

3 培养智力发展的核心基础能力

1

敏感期

我们在本书第一部分已谈及，人类智力具有强大活力，可以根据体验调整大脑结构。随后我们在第二部分进一步解释了儿童大脑尤其具有强大的可塑性。本书第三部分将阐述在其整个短暂但强大的发育阶段，大脑经历了哪些敏感期，也就是不同能力特定发展的时期。特定敏感期，将有特定神经回路产生巨量神经元联结。说话，触摸各种东西，站立走路，想要自己动手，孩子们这些行为几乎都出现在相近的年龄段。为了逐步培养这些能力，大脑以极为有序并几乎人人相同的方式，激发和发展先天预设、尚未发育的能力。比如，当孩子进入语言发育敏感期，大脑中语言发育区就产生大量神经元联结，孩子变得格外关注我们大人的对话，我们说的每一个词、哼的每一首曲子他都在听。孩子被驱动着不断汲取外部信息，以满足大脑的充分成长。到了感官敏感期，他利用感觉来探索世界，他“什么都要碰，什么都要摸”。

各种敏感期逐渐到来，几个月之后，可塑性达到顶峰，大脑特定区的神经元联结格外活跃。在这些白热阶段，孩子学东西往往一学就会，特别开心，也记得很牢，当然前提是孩子能够完成大脑指定的体验。之后，神经元联结慢慢减少，敏感期减退，同样的学习就需要孩子更主动、更频繁的练习，而且常常是强制性的学习，因为此时大脑可塑性已大大减弱了，学习速度放缓，学东西更难更费力。所以，敏感期是学习的宝贵机会，不容错过。研究指出，敏感期所学到的知识和技能，是孩子未来能力能否拓展和加深的基础。如同建房需要牢固地基，可塑性基础是否扎实，决定了孩子未来各方面能力的发展。

斯坦尼斯拉斯·德阿纳在法兰西学院的大脑可塑性讲座上曾说道：“除此之外，我们也发现，在不同时期，大脑与外界互动对于机体的作用也不同。”[1] 所以我们必须注意，在孩子大脑有需要的时候，把握时机，提供足够的支持，为时

---

1 Dehaene, S. (6 janvier 2015), «Fondements cognitifs des apprentissages scolaires. Éducation, plasticité cérébrale et recyclage neuronal», cours au Collège de France.

过早或过晚都无济于事。敏感期之前，所有的训练，即使是高强度训练，也收效甚微。敏感期之后，逐渐远离学习爆发期，机体或技能可塑性越来越弱，学习难度也不断增大。

识别创造期

敏感期首先应该注意的第一点，就是孩子对某件事或某种活动表现出兴趣，而且学起来明显又快又轻松。所以，如果我们看到孩子积极认真，学得很快，他很可能正处于某种潜能的创造爆发期，需要得到支持和引导。

当内在需求得到恰当的外部回应时，孩子显得很满足，特别安静不烦躁，充满活力和激情。注意力集中，专心致志，高效，不费力，满足，开心，不烦躁，是敏感期的正面表现。

一岁孩子的两个敏感期

在生命的第一年，孩子会经历两个敏感期。其间，处理语言的神经回路和处理感官感知的神经回路建立大量神经元联结，高速运作。

我想，大家肯定注意到，语气温柔地和婴儿说话时，他们会全神贯注地听着。大家是否观察过，婴儿听的时候好像在微笑，就像我们的话满足了他内心的需求？这种关注和显露的快乐，表明刚出生几个小时的婴儿，就已对语音极度敏感。其实孩子在襁褓之中就已能够感知语言，我们看到，新生儿已在“捕捉”语言文化中的某种东西，帮助自己学习语言。研究也指出，当我们对新生儿说话时，语音和语调“激活”了婴儿大脑中预置的语言处理区。[1] 或许因为如此，自古以来，我们总是为孩子吟唱优美的摇篮曲。这种有意识的“教育”，让新生儿身心愉悦，四天大的婴儿已能够辨别母语的独特韵律，其他语言如有训练他也能识别！[2]

语言敏感期很早就开始了，甚至开始于襁褓之中，一岁之前达到语言可塑性的峰值。虽然仍无法开口说话，孩子大脑大量存储了语言规律和语音语调。在储备几个月之后，孩子开始根据之前收集的信息，尝试说话。看不见的大脑活动在不知不觉中酝酿着孩子的才能。这个隐性发育期非常重要。令人特别欣慰的是，大部分父母都感知到这一点，孩子一岁时做的每一件事，他们都会情不自禁地在一旁评论。父母的评论行为让人激动，再次证明了我们本能采取的引导是一种最恰当的支持，我们应该继续这些下意识的举动，相信

1 Dehaene-Lambertz, G. (2004), «Bases cérébrales de l'acquisition du langage : apport de la neuro-imagerie», *Revue de psychiatrie de l'enfant et de l'adolescent*, 52, pp. 452-459.

2 Mehler, J., Lambertz G., Juszyk, P. W. & Amiel-Tison, C. (1986), «Discrimination de la langue maternelle par le nouveau-né. Comptes rendus de l'Académie des sciences», série 3, *Sciences de la vie*, 303, (15), pp. 637-640.

自己可以做好。

生命的第一年，孩子同时也经历了另外一个重要的敏感期，同样也是始于襁褓之中，即感官敏感期。孩子一出生，就高度关注并渴望探索身边的世界。他观察，触摸，品尝，聆听……在感官敏感期，我们总是要不停地阻止孩子触碰每一件东西，不让他把所有东西都往嘴里送。这是很正常的行为，孩子这么做，是为了构建智力发展的基础。他必须通过感官感知，获取这个世界的大量信息，他需要触碰东西，需要把东西放进嘴里来感知，他需要所有信息以满足高强度的智力发育的需求。

语言构建和感官构建期很短，到了孩子十个月大，神经元联结的新建速度大大减缓，数量逐步调整，一直到三岁，孩子的大脑神经元联结数量达到与成人相似的量!

孩子在三岁时进入幼儿园，他已建立起语言和感官感知基础，他不再处于语言和感官感知构建期，而是进入已构建的能力的优化和强化期。所以，孩子出生的第一年，是培养语言能力和感官感知能力最核心、最高强度的基础阶段，而且只有短短的一年。在这一年里，孩子不由自主地探索，如饥似渴地捕捉我们说的每一句话。这段时间构建的基本能力，将是他们未来智力发展的根基。

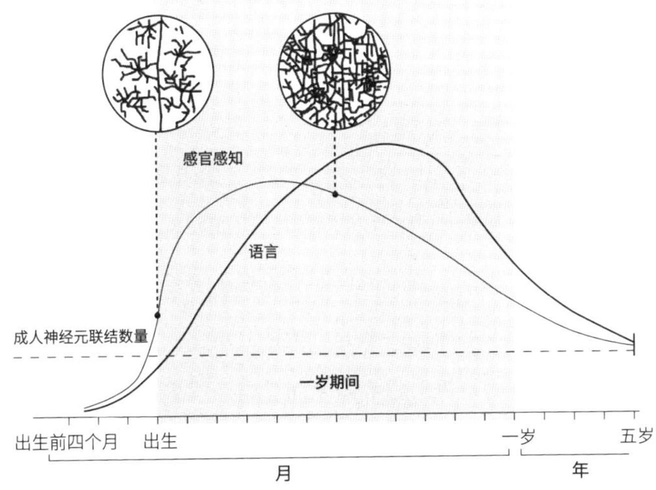

一岁期间，孩子经历两个重要阶段，语言敏感期和感官敏感期。这两个时期的准备，是他们未来智力发展的基础[1]

但是，千万不要曲解，不要在一岁期间过度刺激孩子的语言和感官感知。如同我在第一部分中谈及，这些信息只是告诉我们，支持孩子的本能行为才最重要，也就是说，给孩子一个真实、安全、有质量的环境，让他得以自由探索，让孩子每天都有他最喜欢的、充满热情的语言交流。不需

1 Graphique inspiré du graphique scientifique de Lawson Parker intitulé «Neural Network» , in «The First Year» (janvier 2015), *National Geographic*. Sources : Charles Nelson, Harvard Medical School; Pat Levitt, Children's Hospital, Los Angeles; également présent dans le document du National Scientific Council on the Developing Child (2007), «The Timing and Quality of Early Experiences Combine to Shape Brain Architecture : Working Paper 5»; Nelson, C. A. (2000), *From Neurons to Neighborhoods*,National Academy Press.

要更多，只要意识到我们每天自然而然和孩子互动的重要性，坚持做下去。

在热讷维耶试点班，就像我上文曾多次提及，我们特别注重语言使用。上图已表明为什么语言至关重要。三岁时，语言敏感期已接近尾声，我们希望尽可能好好把握。并不是说过了语言敏感期，孩子语言能力发展就会停滞，之后，语言能力依然在发展中，大脑的可塑性会贯穿一生。但是，语言敏感期的能力培养轻松高效，而且对所学到的知识记忆深刻。牢固的基础有助于孩子未来智力的培养。

根本不需要强制某一种教学流程，大自然自有安排：婴儿拥有的内在潜能，将在特定时期自动寻求构建和发展。这世上的每一个孩子，都会积极自动地去感知和探索外部世界，递给他的每一件东西，都会被立即送进嘴里；他们都将在相似年龄段，努力尝试站起来，并在一岁左右迈出人生第一步。每个孩子一出生都会对身边的语言格外感敏，在两岁左右开始学说话。

执行力的培养

所有孩子相近的成长期，我们有目共睹，大家都知道绝大部分孩子在相同年龄段学走路，相同年龄段学说话。不过我们对其他潜能知之甚微，比如执行力。执行力同样也是智力构成的基础能力，缺乏这种能力，就无法正确完成任务。执行力的构建同样始于一岁期间，在三至五岁时给人的感觉最强烈。

各年龄段的执行力掌握水平

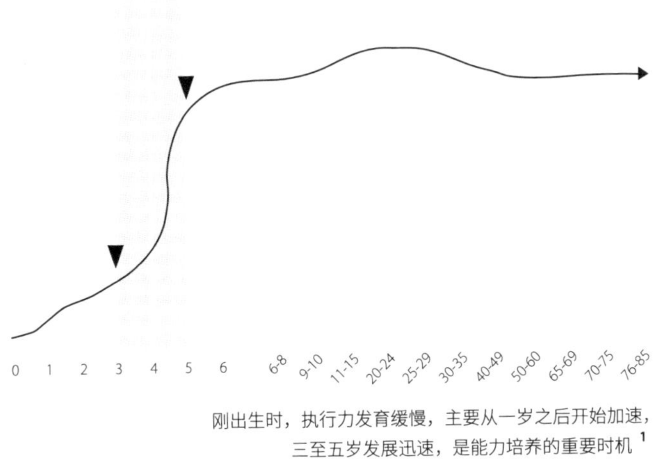

刚出生时，执行力发育缓慢，主要从一岁之后开始加速，三至五岁发展迅速，是能力培养的重要时机[1]

执行力使人独立、有序、有控制、有计划地完成既定目标。执行力形成时，孩子被推动着自己去完成任务。此时的孩子会极力拒绝我们帮忙，还不会说话时，他们先用手来表

1 Source：Center on The Developing Child (2012), «Executive Function (InBrief)».

达拒绝，等到会说话，他们会坚决地说：“我自己来。”如果我们懂得尊重孩子的这种内心需求，帮助孩子从小自己动手，孩子的核心执行力将自然得到发展。我们会看到，执行力比智商更能预知孩子未来成功的可能，不论是职业发展还是社会成就。

在热讷维耶试点班，支持孩子发展这些核心基础能力，是我们的教学重点之一，也是我们得以成功正面引导孩子的关键原因。

2

执行力

执行力是一种核心能力，一种促使人行动、循序渐进完成目标的能力。专家指出执行力的三个重要方面在于：

记忆，短时间内保留某一信息的能力；

自制力，即自我控制、专注、排除干扰的能力；

认知灵活性，即认识错误、改正错误、富有创造性的能力。

不管是洗碗、做数学作业、示爱、聊天、弹钢琴或是发明缓解海洋污染的净化系统，只要我们想做某一件事，就离不开这三方面能力。要达成目标，首先必须拥有良好的记忆力以记住并组织不同信息；其次有自制力以专注于任务、控制冲动和情绪、采取适当行为；最后需要认知灵活性，犯错误时能及时调整策略，思维灵活，富有创造性。这三方面能力支撑着我们的行动力和影响力，让我们有可能完成大脑指定的任务，创造成就，在生活的海洋中自由遨游。

在学校，老师经常遇到执行力较弱的学生：自制力差，一点点打扰就会影响他，说话或做游戏他都不愿意等待，难以控制情绪，动不动就和同学吵架，有暴力倾向，没有恒心；记忆力差，组织性差，老师交代的事转身就忘，看过的段落意思很快就忘记；认知灵活性差，难以纠正行为重新来过，一旦做错就容易失望，无法正确认识错误。“即使只有两个孩子的执行力发育滞后，”哈佛大学儿童发展研究中心指出，“整个课堂秩序都可能被打乱，占用大家宝贵的学习活动时间，而且严重破坏课堂气氛。老师都认为孩子的愤怒情绪和身心疲惫是根本原因。”[1] 这些孩子深深感到自己和同学相差甚远，例如当他们不明白游戏中的某个复杂规则时，他们可能就会躲得远远的，不再和同学玩。

相反，记忆力、自控力和认知灵活性强的孩子，学习更好，考试成绩更优秀，考入更有名的大学，找到更满意的工作，有更稳定的社会关系，身体更健康，饮食更有规律，更少接触毒品的可能性就更大。除此之外，真正让我们关注的

---

1 Center on The Developing Child at Harvard University (2011), «Building The Brain's "Air Traffic Control" System : How Early Experiences Shape The Development of Executive Function, Working Paper 11».

是，这样的孩子拥有学习所有想学知识的能力，以达成生活中设定的目标。在专家看来，这些能力是学习的基本生理技能。哈佛大学儿童发展研究中心在一份报告中指出：“入学时，孩子是否具备牢固的执行力基础，比是否懂得字母或数字更重要。”[1]

学习的生理基础

执行力一旦稳固发展，孩子就可以记住信息，有条理，有自制力，懂得发现错误并及时改正，必要时能够找到解决方法，做事能够持之以恒。这也是为什么在热纳维耶试点班，我们非常重视执行力的培养。我们愿意花时间培养孩子的执行力，把更学科性的教学——比如数学和语文推迟几个月，否则，孩子一样记不住教授的内容。核心能力才是根本，其他知识都可以晚些再学。

令人惊讶的是，一旦孩子的执行力得到全面发展，也就是说孩子平时做事井然有序，不再时刻需要大人的帮助，那么他们学习知识也会更快、更轻松，也更能从中感受到快乐。总之，如同研究执行力发展的国际专家、著名科学家阿黛

---

1 同本书第248页注1。

尔·戴蒙德多次强调的那样[1]，教孩子“学科”知识的最佳方式，不是知识灌输，而是培养执行力，让孩子有效地学习。

比IQ更有预见性

大量研究表明，执行能力的高低往往比IQ更能预见孩子能否全面发展、取得成功。有一个著名的实验（被称为“棉花糖实验”[2]）旨在测试孩子自控力水平和成年后个人发展之间的关系。500个四岁孩子接受了测试：他们面前有一个棉花糖，测试者告诉他们“如果你没吃这个棉花糖，等我回来之后，我会再给你一个”，然后离开房间，让孩子独自面对棉花糖15分钟。并非所有孩子都有耐心等待，有些孩子控制不了欲望，等不到测试员回来就把棉花糖吃掉了。实验指出，为了得到更多棉花糖而耐心等待、控制住欲望的孩子，IQ分未必更高。几年之后，那些四岁时表现出更强自控力、懂得自我调节的孩子，不论IQ如何，都在少年时期拥有更多朋友，更懂得调整压力，自我评价更准确，表达能力更强，考入好大学的比例更高，进入成年后，工作也更理想，到了三十二

1 Voir ses passionnantes et chaleureuses conférences sur Internet, notamment: Diamond, A. (2014), «Turning Some Ideas on Their Head», TEDx；Diamond, A. (2013), «Cultivating the Mind», conférence prononcée lors du colloque international «Heart-Mind 2013».

2 Mischel, W., Ebbesen, E. B., Raskoff Zeiss & A. (1972), «Cognitive and Attentional Mechanisms in Delay of Gratification», *Journal of Personality and Social Psychology*, 21, (2), pp. 204-218.

岁，酗酒或接触毒品的人比例更少，而且身体更健康。

哈佛大学儿童发展研究中心指出："在家、在幼儿园等孩子经常接触的环境中，培养孩子的执行能力是重要的社会责任之一。"因为，"和公众所认定的情况不同，学习自我控制、学会等待、有意识地记住信息，并不是孩子成长过程中能够自动获得的能力。"[1] 虽然这些能力至关重要，但并非与生俱来。不过，和孩子所有萌芽状态的能力——如语言能力一样，只要条件允许，我们都有发展这些能力的"潜能"。

而且，让人欣慰的是，想要让孩子的这些能力得到全面发展，我们要做的，只是支持孩子的自发活动，不要扼制。根本不需要发明大人的教学法，只要孩子想要自己来，我们就要全力支持他，鼓励他。拥有本能的独立欲望，说明孩子正在经历富有创造性、敏感的内心成长历程。

下文我将进一步介绍我们如何在三年幼儿园教学中帮助孩子发展这些核心能力。虽然各种研究已经表明，但我依然花费了三年的时间才真正领会其中的核心。在热讷维耶试点班之前，我并没有意识到这一核心。

1 National Scientific Council On The Developing Child, «Building The Brain's "Air Traffic Control" System : How Early Experiences Shape The Development of Executive Function : Working Paper 11».

更加和谐的人际关系

拥有良好的执行能力，让人焕发魅力，更好地控制情绪，表达情绪，分析处境，调整压力，应对冲突，做出更恰当、更公平的决策。由此，可以拥有更加和谐、持久、稳定和快乐的人际关系。这一点，研究已明确指出。在试点班与孩子亲身体验之前，我虽然知道这一点，却觉得无关紧要。如今，试点班的经验让我对此感悟颇深。

书本里的理论远不同于现实的经验，根本比不上与执行能力发展良好的三到五岁孩子一起经历的体验：孩子有能力自我控制、在冲突或情绪激动的状态下懂得退一步、平静地分析和表达自己的情绪，做到这一点，不是理所当然的事，甚至可以说能做到就是一件令人震惊的事。之前我知道，孩子可以做到，而且合乎逻辑，但我未曾意识到这有多重要。当看到孩子行为的变化时，我和家长都震惊了。我们未曾期待孩子能养成如此成熟的社交能力。学校的露天活动中心主任有一次在视频时对我说：“活动中心经常有新来的活动主持人，他们很快就能从孩子的行为表现上看出哪些是试点班的孩子。因为这些孩子更乖巧，落落大方，和我们平等地交流，懂得如何处理矛盾冲突，不会动不动就求助大人。”

3

培养日常独立性

一旦能力得到发展，孩子希望什么都自己来。刚学会站稳，就想自己走路；刚会使勺子，就把我们的手推开，想要自己吃。想要自己穿衣服，穿鞋，扫地，从洗衣机里拿出衣服摊平，甚至有时候会自己折餐巾。他们想亲自动手做事，彻底调动行动智能。所有简单动作都能有效地帮助孩子全面发展执行能力。孩子必须在短时间内记住一系列动作，组织规划动作，以实现目标；他们还必须协调动作，有耐心，不受外界干扰影响。而且，亲自动手做，如果做错，马上可以感受到，可以立即调整策略，也显示出他们的灵活性。比如鞋子穿反了，孩子能够马上感觉出来，就要想办法解决；衣服从晾衣架上掉下来，孩子看到了，要想办法放回去。这些活动不仅锻炼记忆力和协调性，同样还有思维灵活性，发现错误，正确看待错误，寻找解决方案，不畏困难，发挥创造性，坚持到底。

一项追踪研究[1]证明，孩子如能有机会每天实践这些活动，就有更多的机会成长为独立自主、全面发展的人，不再依赖于环境和身边的大人。马蒂·罗斯曼研究了84个孩子的生活方式，从三岁起一直追踪到十岁、十六岁和二十五岁。研究结果令人震惊：相比不做家务或者少年时才开始做家务的孩子，三岁起就参与家务劳动的孩子，长大之后的协调性、责任心和独立性更强。而且，与家人朋友的关系更为和谐，学习成绩更好，经济更独立。研究者总结指出，三岁起孩子能否参与家务劳动，是他未来能否成功的一个决定性因素，比起智商更具有影响力。所以，放手让三岁的孩子去做，他们对此也心心念念，就想学着挥帚扫地！

小孩子并非真的是小恶魔，只是因为所有这些日常活动都能促进他们执行力的充分发展。三到五岁的孩子本能地想要参与家务劳动，就像蝴蝶寻找春天的花蜜一样。老师们，你们是否注意到，孩子都争先恐后地去捡掉在地上的铅笔，争当课后分发小册子的小助手，或是主动帮忙擦桌子。孩子

1 Wallace, J. -B. (13 mars 2015), «Why Children Needs Chores», *The Wall Street Journal* (en ligne).

强烈渴望发展自己的行动力。他们可能会撒谎，会相互推搡，仅仅为了能够分发吃点心的纸盘子。但是，传统的学校在孩子的行动力发展高峰期剥夺了他们参与活动的权利，到了六岁，孩子们会动不动就争吵，因为他们缺乏计划性、记忆力、独立性和自律，缺乏灵活性和创造性……

孩子坚持要求自己做，并非出于偶然，不是任性或怪癖，也不是性格使然，这是智力发育的本能表现。当孩子自己动手的时候，千万不要替他做，只需要站在一旁做保护者。智力处于快速发育期的孩子，一定会用你意想不到的力量，拒绝你的代劳或帮助。

孩子智力发展取决于我们的做法

让我给大家讲一个非常形象的真实例子。班上曾经有一个三岁的孩子，早已习惯事事都有人替他做好。早上到学校，他坐在走廊的凳子上，无精打采，睡眼惺忪，等着大人给他脱鞋、穿拖鞋。到了教室，老师说什么做什么，走路总是撞到椅子，经常摔倒，不懂得自己选择适合的、能学到知识的游戏活动。他不喜欢自己做，稍微有点儿难度就放弃；总是骚扰同学，破坏教具。一天，我要求送他来学校的大人从进教室之前就让我来接手，我要教他如何自己脱鞋子，穿拖鞋，把自己的东西放好。我也花时间给家长解释我这么做的原因：我希望让孩子自己做，帮他在课堂上学得更好，更好地控制自己……家长虽觉得我想法古怪，但还是接受了。

于是，早上、中午和下午下课，我都会陪着孩子，教他怎么脱鞋、穿鞋，把东西放好，希望能够激发他自己动手做的欲望。仅仅两天之后，孩子就恢复了自己做的欲望。只要是自己完成，他就显得很开心。而且他在课堂上的表现也开始改善，不再躁动不安，喜欢自己挑选一种或两种游戏，而且可以坚持做更长时间。这就是敏感期的最大优势，这个时期孩子的可塑性处于峰值期，一切改变都有可能，而且转变很快。对我来说，这就像一场捷战。孩子重拾内心动力，激发自己动手体验的意愿，推动智力发展。

第三天中午放学，这孩子比同学们更早去走廊，这样他就可以从容地自己穿鞋子。突然间，我听见一声刺耳的喊叫。叫声是那样尖锐，我甚至听不出是哪个孩子的声音。我急忙跑出去，发现原来是那个孩子的奶奶在放学之前就到了，她已经心急地把鞋子拿在手里，想要帮孙子穿鞋。孩子抢过鞋子，朝学校门口冲，奶奶赶紧追过去，我也跟在后面，就这样两个大人追一个孩子。奶奶一边追一边说：“你这个坏孩子！我给你穿鞋子，我们赶时间！”孩子在另外一间教室门口的凳子前停了下来，一边哭，一边害怕奶奶抢走鞋子。我对奶奶说：“我想他只是想自己穿鞋。对他来说，这很重要。他希望你能让他自己来。”我站到孩子和奶奶之间：“自己穿吧，奶奶会等你的。我也在这里。”虽然还在抽泣，孩子还是安静了下来，在奶奶生气、焦急的注视下，认认真真地把鞋子穿上。

这件事让我们看到了孩子最自然的反应，虽然有时会被我们当作任性。当时间紧迫时，我们不会让孩子慢慢扣扣子。而坚决要自己来的孩子，其实不是在抵抗我们的愚蠢行为，而是人类智力在反抗阻挠发展的障碍。这就是敏感期的另一面表现。而且要知道，就算孩子爱我们、尊敬我们，他们也会因为生理本能，竭尽全力地反抗阻挠。

玛利亚·蒙台梭利比较过幼儿的这种强烈反抗，和特有的、令人不安的愤怒表现。我们知道，大人司空见惯的小事，可能就是孩子情绪爆发的导火索，孩子的脾气来得快去得快。所以，极端敏感的孩子，可能会因为微不足道的小事，引发心理的强烈波动。[1]

---

1 Montessori, M. (2006), *L'Enfant*, Desclée de Brouwer.

不要束缚孩子成长

让孩子充分发展执行力，对其智力发展至关重要，而且对我们所有大人来说，都能保障——只要不阻挠孩子自发的创造性活动和锻炼能力的行为，而是鼓励他们放手去做。哈佛大学儿童发展研究中心对这一点也明确表态：创造一个良好的执行力发展环境，就是培养孩子未来的独立性，比如让孩子自己穿衣服，叠衣服，做水果沙拉，帮助他清晰地表达想法，日常小事让他做决定，鼓励他帮助比自己小的小朋友，而大人要学会隐退、不插手。其实，在这个阶段，最关键的就是大人学会不插手，孩子只有通过自己的亲身体验，才能培养执行力。大人无法替代他。我们只能帮助他，从他最小的时候，尽可能让他自己做力所能及的事，我们在一旁陪伴、鼓励、直到渐渐隐退。我们能做的就是这些。根本无须特殊的训练，孩子最初几年的自发行为，就是最佳训练。

我在撰写这部分内容的时候，恰好见证了极具代表性的一幕。有一天在路上，我在上一段斜坡台阶时，一个两岁左右的孩子牵着爷爷的手正要下台阶。下第一个台阶的时候，爷爷小心翼翼地拽紧孙子的手，生怕他摔倒。但是，只要看一眼孩子如同征服者的激动眼神，就知道行动力发育会驱动他很快挣脱爷爷的手。的确，孩子把手抽了出来，想让爷爷别牵他。爷爷不同意，孩子马上语气坚定地说：“我自己走！”爷爷相信他，放开了手，但仍然很当心。为了不摔倒，孩子自己抓住了栏杆，在爷爷的注视和鼓励下，一种自发的主动性，促使孩子通过自己的行动去征服世界，另一种是爱，让大人有足够的耐心等待孩子的胜利。

课堂里的独立性培养

幼儿园这个年龄的孩子需要在大人陪伴下，通过自己亲身体验来发展核心能力，所以，鼓励独立性培养是热讷维耶试点班的首要准则。教室里的环境、老师的指导，都必须有助于培养孩子的独立性。

从入园到放学，我们帮助并鼓励孩子独立自主：他们自己选择想做的活动（当然我们已教过他们怎么做），然后我们鼓励他们自己做完。他们有需要时，我们随时帮助指导，但是他们需要自己把教具归还原处。午睡起床，我们鼓励孩子自己穿衣服，自己洗手，不要把水洒在地上，自己去洗手间，自己按照正确的方向铺地垫、卷地垫，需要时自己擤鼻涕，手工课结束后自己收拾掉在地上的纸片，绘画后擦掉桌子上的颜料，擦教具，用刷子刷掉地垫上的污点，自己叠衣服，轻声把椅子摆正，走路时绕过地垫，关门时动作轻缓，等等。

为了培养孩子的独立性，我们愿意花时间陪伴他们，即使是最简单的小动作也耐心讲解。当孩子学会独立，也就是说他们能够记住不同动作、组织协调动作、自我控制、坚持到底、做错了事懂得改正错误、不需要求助大人时，他们会变得不再焦躁，更善于沟通，也更快乐，而且可以很快地学习各种基本技能。所以，我们每天花很多时间，和孩子一对一地沟通，教他们做各种有助于独立自主的事。

我们不急着教文化知识，尤其是第一年。这时大部分孩子都不独立，或者独立性很差，他们不懂得自己选择课堂活动，做了活动也难以坚持到底，注意力不集中，教过的事很快就忘记。所以，当务之急不是灌输知识。有几个中班龄孩子，我们甚至等了六个月时间才开始教字母。我记得有一个很活泼的女孩，喜欢说话，喜欢到处跑，但教过的东西她总是记不住，也不懂得流畅表达。她在教室里闲逛，不懂得选一个教过的练习活动做，就算选了，也往往没做完就放弃。我教了她好几种数学练习和字母练习，她一个都记不住。这女孩进度落后很多，相比同龄孩子，她算术很差，几乎不认字。说实话，当时我很着急。虽然理论上我都明白，但是因为担心她基础知识薄弱，在她来的最初几周，我还是很努力地教她数学和语文。但是无济于事。我没有办法让她集中注意力，教过的东西她第二天全都忘记。于是，我只能等待，相信自己，把精力全部放在帮她培养独立性。

在漫长的六个月里，这个女孩只做实践练习，照顾绿植，擦桌子，花很多时间帮助比她小的小同学。她还学会了怎么给绳子打结，画画之后把画架擦得像新的一样干净。渐渐地，她的行为方式发生了改变，变得有计划性。有一天，她请我教她字母。我照做了。和同学比起来，她接受的难度还是比较大。于是，我时不时教她几个，但没有强调一定要记住。和她关系最好的女同学，已经可以流畅地读书。她也想这么做。肯定很少人会相信，这个女孩完成目标的认知能力能极大地增强，就在几天时间里，她通过和好同学的日常沟通，竟然自己开始学习拼读了，而且毫无困难……这让我和安娜都惊讶不已。写到这段文字时，想起刚入园时这个女孩遇到的重重困难，我依然心生感动。后来，她成为班上阅读最轻松流畅的学生之一。她妈妈也惊喜地对我们说："她比二年级的哥哥读得都好！"

耐心地准确示范

我们给孩子示范独立性的动作，比如教他们怎么正确铺地垫、卷地垫，我们必须表达清晰，语速放慢，动作准确，富有逻辑，孩子才能有效“吸收”所有动作。有时为了让孩子更准确地领会动作，我们不说话，只示范动作。实际上，一边示范一边说，反而增加干扰，加重学习的复杂性（既要看又要听）。孩子可能会分心听我们说，而忽略看动作。示范教学的目的是让孩子有效学习动作，培养独立性。当然，在示范之前，我们首先会教孩子了解所有教具的名称，示范结束后如果需要，也会和孩子进一步交流。对于小龄孩子，我们一定注意方式，或者口头解释，或者只示范动作不说话。对孩子来说，听和看需要调动大量的认知力，大脑需要分开处理，以避免信息混淆，之后才有可能掌握动作，记住不同的词语。

安静、缓慢的动作示范，让孩子全神贯注，注意力集中在对动作的理解上，有些孩子全程目不转睛，眼皮都不眨一下。

为了训练孩子的记忆力和自我控制力，我们要求孩子学习等待，等我们示范全部结束，他们再做。“我先做给你看，然后你再做。”这时，孩子必须要控制住动手的欲望，直到示范结束，同时要记住一系列动作以及需要达到的目标。这种训练自控力和记忆力的方法非常有效。

安娜给孩子示范如何正确卷地垫，之后孩子可以随时自己练习

刚开始几次，大部分孩子无法正确记住一系列动作，不过我们会留给他们时间练习，让他们自己寻找解决方法。只有在孩子主动求助，或者我们感觉他们气馁要放弃时，我们才会上前帮忙。除此之外，我们不会轻易插手。孩子自己练习，想办法做好做对，这是有效训练执行力的机会。

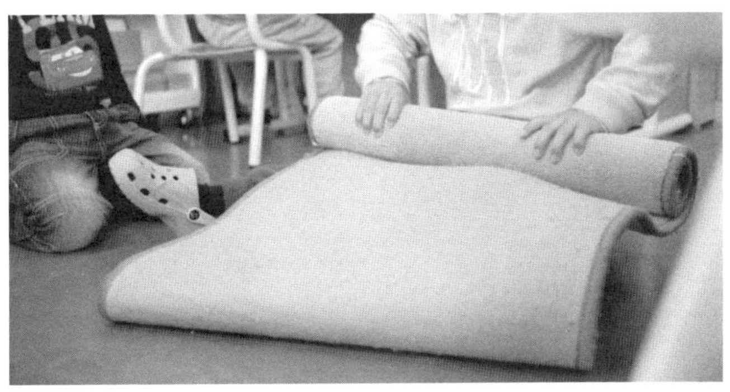

孩子不可能一下子就能准确有序地完成所有示范动作。不过，假以时日，只要他们充满信心，坚持不放弃，不断练习，就一定能做到

每次示范之前，我们会说明每一个练习的目标：“让我来告诉你怎么卷地垫，好吗？”这一点很重要，若没有明确目标，孩子就不需要记住所有信息，无须规划动作，不用及时调整策略，因为既然没有既定目标，他可以随心所欲地做。不过，我们也不要搞错，这些练习活动的目标不是为了完成某一个具体动作，真正的目的是训练孩子的智力。

练习的目标是提升孩子的内在能力

我们不要求孩子完美地做好卷地垫、洗手、倒水、放鞋子或是叠被子这些事，所有练习的根本目的是通过试图做好卷地垫、洗手、倒水、放鞋、叠被子等动作，锻炼孩子的执行力。关键是孩子为了达到我们设定的目标，内心经历的所有过程，以及付出的所有努力。所以，总是给孩子一个需要相当努力、无法轻易完成的目标，这一点很重要，当然也不要打击了孩子的积极性。我们注意到，为孩子挑选的练习应该具有挑战性，若是一个可以轻松完成、毫无难度的练习，他们很快就会觉得无聊，有些孩子甚至会开始骚扰其他同学。

如果孩子一次次练习，就算完成目标，也一再重来，这时，我们不要去打断他们，这一点也很重要。比如孩子连续擦了三遍桌子，桌子早已擦得干干净净也不停下来，或是同一粒扣子解开，系上，再解开，再系上，连续十次有余，这些都应放手让他们去做，不应该被打断。因为练习彻底激发的，不是达成目标，不是桌子擦得多干净，或者扣子系得多牢，而是在练习过程中，锻炼处于快速发育阶段的执行能力。孩子一次次重复，似乎完全沉浸在练习之中，有些孩子甚至都听不见我们召唤他们上集体课。这样的场景在这一年龄段的孩子身上经常发生。孩子在锻炼执行能力时，他们无法抑制自己的探索，控制感官的神经回路也处于全面发育中。孩子的专注力和定力会达到令人惊讶的程度。

大人的姿态

孩子想要自己动手时，我们的首要职责，也是我们的重要工作，就是控制住自己想要帮他们“做好”的念头，因为一旦这么做，我们就扼制了他们的创造力。

对大人来说，只需要预先教给孩子几个关键动作，然后退居一旁，放手让他自己来，适时给他们指导即可。这种姿态，就如同教练之于表演平衡术的杂技演员，既要给予指导性帮助，又不能阻碍了孩子。在我看来，最佳的支持在于以下三点：

清晰准确地示范关键动作；

放手让孩子自己练习、自己寻找解决办法；

在孩子气馁放弃之前，不动声色地给予帮助或点拨。

这种姿态需要一定的练习，却是绕不过的一步。虽然看似矛盾，但孩子自己也学不会，不可能真的自学成才。孩子需要我们的帮助，才能养成稳固的独立性。他们需要我们教授关键点，才能够独自探索，而且他们需要我们的陪伴和注视才敢于冒险。所以，我们的陪伴必不可少。同时也要知道，我们不能代替孩子，要学会保持距离，逐渐放手，抽身而退。哈佛大学儿童发展研究中心明确指出，大人鼓励、帮助孩子学会独立，教他们怎么做，然后放手，渐渐退居一旁，可以让孩子有更多的机会充分释放潜能，培养核心认知力。

准确性

我们总是采用标准的示范动作。的确，准确性能激发孩子的兴趣。孩子执行力正处于飞速发育中，对他来说，这是一种挑战。为了达到我们所展示的标准，除了动作，孩子还必须记住动作的顺序和细节，调动更强的协调性，纠正不恰当动作。

对于专注力差、难以控制动作或情绪的孩子，我们需要选择更为精细的动作，而且示范时一定要准确规范。准确性吸引孩子的专注力，需要他全神贯注地投入，有些孩子一心想要控制好动作，甚至会紧张得手发抖。

孩子的协调性逐渐得到锻炼，从而加强了情绪控制力和自律性。这种转变有时候来得很快。调皮捣蛋的孩子，举止有些粗鲁，自控力差，动不动就打断同学说话，可能经过几个星期的练习，就变得乖巧很多，几周前缺乏的专注力和自控力都得到了加强。孩子自第一年开始的改变，家长们有目共睹，在家中，孩子变得乖巧、自律。我非常确信，孩子的这种转变和进步，一定是得益于幼儿班日常的实践练习。

一对一陪伴

动作示范是一对一进行的，就像大家看到的那样。为什么？因为三岁孩子的动作协调性和记忆力还比较弱，如果同时面对三四个孩子做示范，那么还没轮到他模仿的时候，他已经忘记要做的动作了，而且孩子往往也没有耐心等待两三个同学做动作。一对一的示范，对孩子而言其实难度更高，但又不至于打消孩子积极性，孩子既能记住动作，又能锻炼自我控制。而且，一对一示范，可以根据每一个孩子的情况，给予适当的指导，这是小组示范做不到或者难以保证的。我们可以很快看出哪些孩子在控制力、短时间记忆、纠正和调整错误方法上有困难。对于有困难的学生，我们应该更有耐心，给予更多鼓励，每天都让他们练习，才能不断进步，逐渐加强执行力。当然，在幼儿班里，一对一示范，需要其他孩子高度独立。班级的独立性培养需要一定的时间。在热纳维耶试点班，我们花了足足一年时间。

靠自己努力不断完善

我们提醒孩子关注某一个关键点，这样他可以自己纠正动作。例如我给孩子示范如何在教室里正确走动，我会强调“要避开地垫”。这样，当孩子走路时踩了地垫，他能马上意识到错误，及时改正。同样，示范卷地垫时，我强调如果地垫卷好了是可以竖起来的，所以如果孩子卷的地垫不能竖起来，他就知道没有卷好（我们用柔软的小块地垫，但又不会太软，卷好可以竖起来）。孩子在练习时及时发现错误，不需要等我们指出，就能有效纠正错误。

即时显露的错误，有时会激发孩子内心本能的完美欲望，他们会一次又一次地尝试，直到不再犯错。我见过班上有些孩子，可以把地垫连续卷上十多次，直到地垫完美地竖立起来。从此时起，我们大人唯一的任务，就是不要打扰孩子一点点完善的反复练习。

日常实践活动

我们让孩子每天都做各种实践练习，自己整理教室。为此，东西都放在孩子够得着的地方，而且我们特地挑选了摔得碎的材质，而不是塑料材质，这样一来，如果孩子动作过于粗暴，他们会马上看到后果，这样有助于他们调整策略，加强动作控制。正是这些细节，让孩子很快就学会轻拿轻放，动作有序而准确。我们挑选漂亮的东西，吸引孩子的注意力，让他们更加懂得爱惜，而且大小轻重也必须适合孩子。

比如，孩子有抹布或鸡毛掸子，可以给架子擦灰。我们依照惯例，首先示范给孩子看，再让他们自己做：先把架子上的教具拿下来，放在地垫上，然后用抹布或者鸡毛掸子给教具和架子擦灰。看到灰尘被擦掉，孩子为自己的劳动成果感到很开心。最后他们要把教具再放回原位（要事先记住原来的摆放位置）。

这些简单的日常实践，大量调动了孩子的执行力，他们必须记住不同步骤，组织动作，做到井然有序。对三岁孩子来说，这可是一场真正的挑战。

我还记得孩子执行力水平的标志。如果一个孩子在画画结束之后，可以把颜料收拾整齐，拿着颜料未干的画去挂起来晾干，同时注意不要蹭到同学身上，洗手后保持洗手池和海绵干干净净，那么我们就知道，这个孩子已经具备了良好的执行力。而且这件事的辐射效应极为强大，当孩子能够这么做时，他往往已经开始轻松地拼读学习，而且性情平静，和他人的相处大多和睦而持久。虽然这看起来只是一件小事，但对我们来说，却很能说明问题。

我们还有一个托盘，孩子可以在需要的时候用来照料教室里的绿植。孩子挑选一株最近没有浇过水的植物，翻土，剪掉枯叶，用蘸水海绵擦拭树叶，小心地浇水，注意不能浇太多，以免水渗漏出来，然后把花放回原处，再去照料另外一株植物。我做示范时，喜欢告诉孩子每一株植物的名字：白掌、栀子花、榕树、橡胶树……有些孩子很喜欢学习植物的名称。

孩子们都很喜欢照料教室里的一株高高的橡胶树盆栽，他们用湿海绵擦拭树叶，把叶子擦得发亮，令他们自信心爆棚！我们还有其他工具和托盘，用来擦教室镜子、擦桌子、扫地、缝衣服，比如洗用过的海绵，还有几把小刷子，可以在需要时用来刷活动地垫上的污渍。

三岁孩子用湿海绵擦拭叶子上的灰尘

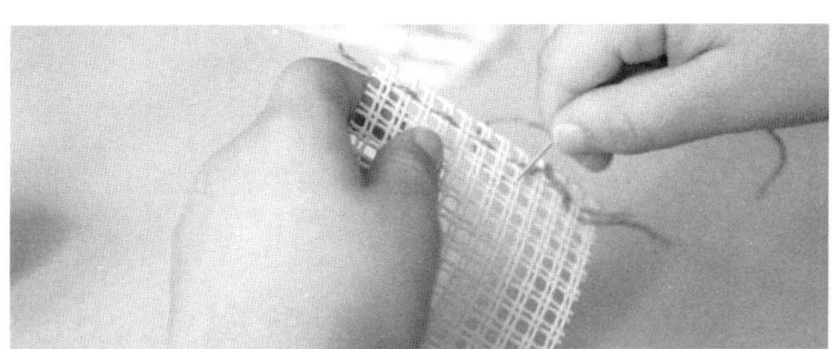

四岁孩子在网格布上练习缝线，练习的难度逐渐增加，
最终要做到把两块布缝在一起

三岁孩子在剪纸活动结束后把掉落在地上的
碎纸片扫在一起，然后收拾干净

三四岁的孩子尤其热衷的这些动手劳动，可以高效地锻炼他们的各种能力——注意力、组织力、记忆力、灵活性，这是一切学习均需要的能力。孩子需要学会控制自己，不受干扰，专心致志于手上的任务，充满自信，积极主动，独立自主，这样才能在遇到困难时懂得寻找有效、合适的解决方法。随着不断练习，孩子求助我们的次数越来越少了。他们借助日常的实践活动，自己照顾教室环境，养成了很强的动手能力。

对于五岁以上的孩子，我们没有时间教他们这些活动，而是教一些他们一定会很感兴趣的更有挑战性的活动，比如编织、针线活儿、搭房子、搭积木、做小衣服等等。我们还有一个黏土托盘，让孩子自己做瓶子和罐子，还可以做小砖头，砖头干了之后上色，可以拿到室外搭小房子。

动作练习

玛利亚·蒙台梭利的重要理念之一，也是我们在热纳维耶试点班所奉行的，就是孩子在做复杂活动之前，首先需要练习某些动作。比如自己用桌子上的水杯喝水、拿勺子、穿衣服、把衣服夹在晾衣绳上、浇花、在水槽里挤干海绵而不把水滴到地上、正确剪纸，所有这些活动都需要练习。所以，我们设计了各种日常动手实践，用来强化训练某些特定的简单动作。孩子们都很喜欢。看看他们做这些动作时一言不发、表情严肃、全神贯注的样子就知道了。他们眼神里洋溢着坚定、自信和自豪。大部分孩子很安静，有序地练习动作，情绪也变得更加稳定，内心某种精神让他们沉静成熟。

动作练习让孩子沉浸在有条理的活动中，清晰的活动目标，能更有效地训练孩子的执行力。

我要提醒大家关注一个要点。所有这些实践活动，都必须有一个目标与“文化举动”相关联，这一点很重要。也就是说，比如孩子用镊子把扁豆从一个小碗放到另外一个小碗里，或是用夹子把板栗一个个放进鸡蛋盒里，这些练习对孩子来说毫无意义。这些练习仅仅是训练手眼协调性，但对增加文化常识、加强自信、提高心智敏感度毫无帮助。我认为实践的目标具有文化性至关重要。如果我们对孩子智力的训练没有一个有意义的方向，那么他们的所作所为将毫无方向，这样的教学法也只能是愚蠢而极端错误的。所以，我们应共同寻找意义，发现真正的生活，发掘生活的深度。

从左到右、由上至下：给咖啡杯倒水，
给两个杯子倒水，扣小纽扣，打结，穿皮带扣，
扣按扣，拉拉链，叠手帕，用勺子，剪纸，
用敞口小水壶倒水，挤海绵

使用生活用品

我们肯定都能感受到孩子对生活中的各种日常用品怀有极大好奇心。的确，除了探索自己的小天地，孩子对日常生活的各种活动都跃跃欲试，渴望锻炼自己的执行力。有自动开启的首饰盒的家长，哪个没对正伸手过去的孩子吼过“别碰那东西”？谁都知道孩子对房门钥匙或抽屉钥匙格外感兴

趣。就算自己房间里堆满玩具，他们也会花上几个小时把厨房抽屉里的东西一件件翻出来。生活用品比任何一件玩具都更具吸引力。塑料盒，玩具餐具，塑料玩具食品，模型，玩具厨房，玩具乐器，或是其他现实生活用品的玩具版，都很快被玩坏，丢弃一边，不再玩耍。孩子喜新厌旧，需要色彩更艳丽、更多功能的玩具。就像打开了一个无底洞，永远没完没了。很正常，孩子的心智发展不能依靠这些模型玩具，玩具永远比不上大人世界用的东西，“过家家”满足不了飞速发育中的孩子的动手能力和智力的需求。

我们对孩子说：“别碰！”打发他们去玩模拟玩具，“玩你自己的玩具！”孩子大吵大闹，渴求发育的心智受到了打击。而我们和孩子也由此进入了对抗战。这其实是一个巨大误会，孩子根本无意惹怒我们，也不是不听话，他们只是想要学习成长。不想让他们碰贵重东西，何不给他们其他的日常用品？那一样会让他们兴奋不已。

由此，玛利亚·蒙台梭利建议给小孩各种各样的盒子和真实用品，放在小托盘和小篮子里，可以随时使用和练习。比如一个小托盘装着几把钥匙和锁，孩子可以随时玩开关锁；另一个托盘有螺栓螺母，可以练习旋上再松开；还有放有不同瓶子的托盘，放有各种不同开启方式的盒子的托盘。孩子做这些实践时，他们所获得的知识，对身边世界的理解，令大脑神经回路不断重组。很快，孩子熟练掌握动作，建立自信，越来越独立。若仅仅依靠塑料玩具，他们永远达不到如此灵巧的协调性，更没有这般自信和充满活力的心智成长。

有了更能学习到知识、真正让孩子满意的切切实实的动手实践，过家家、塑料玩具和塑料厨房模型很快就会被抛至一旁。所以，关键点在于，需要玩具之前，孩子首先需要融入我们的生活。我们一定要明白这一点。孩子想要的，绝不是简单的玩耍。他们想要的是探索这个世界，弄明白、征服世界。我们不要时不时打断孩子遵照本能的重要使命——看看孩子们严肃的神情就知道。这不是个人积极性，而是所有孩子都具有的本能冲动，促使他们通过亲身实践去了解身边族群的生活习性，理解这个世界。当孩子有机会这么做的时候，他心花怒放，能体验到巨大满足感，快乐感溢于言表。

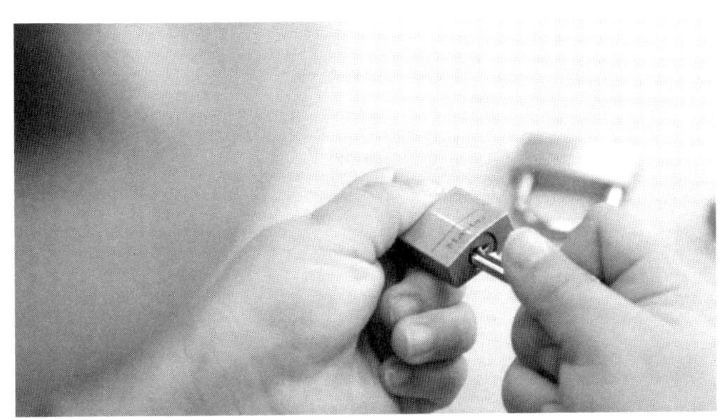

孩子选了一个小锁，尝试着打开

三岁半的孩子试着用大小合适的螺母套螺栓

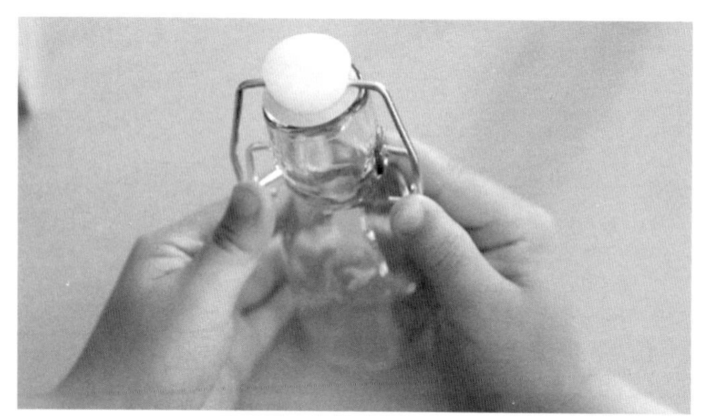

个人活动小托盘里放着各种瓶子，各有不同的开启方式。
孩子选择了一个瓶子，正在研究如何打开

帮助孩子学会表达

懂得表达自己的想法，是执行力发展中极为重要的一部分：孩子首先要记住所有想法，同时整理想法，组织语词，排除干扰，保持耐性，控制消极情绪；如果对话者没有听明白他想要表达的内容，他还要具有灵活性，懂得重新组织语句，更为准确地表达。对幼儿来说，准确地表达自己的想法，是极为有效地锻炼核心心智功能的机会，记忆力、专注力、思想灵活性都能得到积极的激发。

我们耐心聆听孩子，给他们时间组织想要表达的话，不要催促他们，这一点非常重要。[1]可能看起来有点儿浪费时间，但其实我们付出的时间是最好的投资。关于这一点，已有研究明确表明，鼓励和支持孩子的表达欲望，将极大促进孩子执行力、自信心、逻辑思维和语言表达能力的发展。

所以，这也是试点班的教学重点：所有想表达想法或描述某件事的孩子，都能得到我们的专注聆听。孩子们都知道，这个时候打扰我们或者打断我们都无济于事，我们的热情和精力会集中在想要表达的孩子身上。大家都知道，而且也尊重我们的做法，因为我们一视同仁。他们从不抱怨，有些孩子甚至会阻止想要打断我们的同学："别闹了，你没看见威廉想要和塞利娜说话吗？等一等！"这种等待，对于需要锻炼耐性的孩子来说，恰恰非常有用，他需要调动自控力。

帮助孩子学会等待

当我们忙于照顾另外一个孩子时，为了帮助孩子学会等待，我们会叫他把手放在我们肩膀上，但不要说话。这样，我们不会被打扰或打断，但又能知道另外一个孩子也需要我们。孩子知道，我们得到了讯息，只要完成任务或者结束谈

1 Center on the Developing Child at Harvard University, «Building the Brain's "Air Traffic Control" System : How Early Experiences Shape the Development of Executive Function, Working Paper 11».

话，马上就会回应他。每个孩子都会想办法熬过等待，有的不停扭来扭去，有的远远地看着我们，有的则干脆听我们的对话。听我们谈话的孩子，有时当我们回过头问“怎么了，费沙尔？”时，他却瞪着大眼睛看着我们——因为太专心听我们说话，他竟然忘记了自己想要做什么。他又回去自己做游戏，直到猛然间想起了是怎么回事，又开心地飞奔过来找我们。这一次，我肯定会马上听他说话，免得他又忘记了。

我们没空时，孩子静静地把手放在我们肩膀上，这个简单的动作非常有用，尤其可以有效训练孩子的执行力，他们不仅要学习等待，还需要在等待时记住心里的想法，不被眼前的对话所干扰。对三岁的孩子来说，这是一项极为复杂的事。然而，渐渐地，孩子表现出惊人的耐性和专注力，而且可以牢牢记住想要说的想法。意志力最强的孩子可以耐心等上十多分钟。大部分孩子在我和其他孩子说完话之前，已经自己设法解决了问题——不是求助于安娜，因为安娜往往也在忙，而是求助于同学，或者自己想办法。这锻炼了孩子的临场应变能力。这种方法，让老师可以全心全意照顾一个孩子，同时兼顾锻炼所有人的独立性和执行力。我们有时间回应每一个孩子的发展需求，这也要求其他孩子学会自我控制、训练记忆力和应变能力。

如今有大量相关研究，比如棉花糖实验，建议核心锻炼孩子的抗干扰能力，有助于培养社交能力和完成既定目标的恒心和毅力。而且，如我们上文提及，大量实践证明，相比智商，孩子幼儿期的自我调节能力，与未来学业成绩具有更紧密的关联。关于这一点我们不做详述，我只想强调这一核心能力的重要性。我们付出时间，培养孩子的耐心、自我控制力，是对孩子莫大的帮助。要注意，这种能力的培养离不开大人的耐心鼓励和帮助，孩子是无法独自养成的。

培养良好的抗干扰能力

我通常会在课堂上让孩子一起做各种各样有趣而短小的集体活动，定期锻炼孩子的抗干扰能力，而且很快就能看到练习的成效。你也可以和幼儿一起练习，感受这些活动带给孩子的快乐，不仅锻炼了孩子处于快速发育中的能力，而且当场就能感受到孩子的满足和快乐。

两个孩子练习沿着色带走

比如我们在地上用彩色胶带贴了一个椭圆圈。孩子脱掉鞋子，光脚跟着彩带走，一步一步不能踩空。孩子特别喜欢这个游戏，走在马路上都会不由自主地玩起来，沿着地面上的直线、路缘石、行道树、人行道线走……不知不觉锻炼了动作协调性和抗干扰能力。对有些孩子——尤其是年纪小的孩子来说，这是一个平衡能力的训练。就是这么简单的练习，对孩子来说，也是一种挑战。

当孩子可以较为轻松地沿着直线走时，可以适当增加难度，在孩子头上放一件东西，或者让孩子手上拿着一个铃铛，走的时候尽量不要让铃铛发出声音。此时孩子必须做到动作更加协调，对动作把控更准确。孩子很乐于挑战自己的抗干扰力，而且有一个马上就能感受的警示信号：如果头上的东西掉下来或者铃铛响了，下次步伐就要走得更稳。孩子自己会力求完美，一遍遍练习，走上很多圈。

我还会在集体课上让孩子做其他类型的小练习，训练控制力，称为“运动性抑制力”练习。比如我两只手摆动几秒钟，然后加上头部动作，请孩子跟着我做。几秒钟后，我停住手部动作，然后再停住头部动作，孩子也跟着我停住。就这样，我连续做动作，再停止动作，大概两三分钟。孩子们很喜欢这种练习，我也很注意每一次的时长，保持游戏新鲜感。

渐渐地，集体课时，我加入“整体运动性抑制力”训练，定期练习“感觉自己”的游戏。孩子们围成一圈坐，闭上眼睛，手放在膝盖或腿上都可以，然后我把教室的灯关掉，坐到孩子们中间。我要求孩子根据指令，保持身体部位静止不动，膝盖上的手不许动，脸上的眼睛嘴巴不许动，手臂、脚不许动。等孩子身体保持不动，我让他们慢慢地鼓起肚子，慢慢地收起肚子。孩子沉醉在一片安静中，教室悄然无声。这时，我们可以听到平时忽略的声音，比如教室时钟的嘀嗒声，一只乱窜的小飞虫的振翅声，或是隔壁班级传来的老师低沉的说话声。我请孩子仔细聆听，引导他们的注意力去听各种声音。很多最新研究都表明，这种类似冥想的意识练习，会极大地锻炼孩子的抗干扰力，对日常生活习惯有良好的影响，不仅有助于提高学习成绩，也能帮助孩子改善人际交往。孩子可以更快进入学习状态，注意力更集中，也更懂得如何调节压力和情绪，人际关系明显更和谐。有一项研究表明，经过每天20分钟的训练、连续5天之后，就能看到孩子明显的变化。[1]

---

1 Tang, Y. Y. *et al.* (2007), «Short-Term Meditation Training Improves Attention and Self-Regulation», *Proceedings of the National Academy of Sciences*, 104, 43, pp. 17152-17156.

这也是我们从班里孩子身上得出的惊喜结论。经过这种定期的注意力和意识训练，孩子的专注力渐渐加强，而且普遍变得性情更好，行为举止更有把控，走路姿态优雅，取放东西也手脚轻缓，搬动椅子时动作更准确，人际关系也更和睦。他们学着控制自己的言行举止，控制情绪，对身边世界更敏锐，以前有些注意不到的教室的声音现在变得刺耳了。有些孩子一早就问我："塞利娜，我觉得太吵了。你可以让同学们安静一些吗？"我是对声音极为敏感的人，但孩子的话还是令我大感意外，我有时并没有觉得声音很响。不过，我还是会说："孩子们，请听听教室里有多吵。"孩子的自控力再次让我震惊，他们一听到我的话——我甚至都不需要大声说，几乎整个班的孩子——除了一两个还听不懂的小龄孩子——都停下手上的事，认真地听。这时，只有一两个小龄孩子还在说话，或还在走动，他们没有发现全班同学都停了下来。然后，我请孩子们继续活动，但是尽量小声。

我们也注意到，"一二三，木头人""老师说""不能回答对或不对"这些游戏都是锻炼孩子抗干扰力的绝佳活动。[1]很多国家都有这类锻炼孩子自控力的游戏，以及很多训练认

1 Center on the Developing Child at Harvard University, «Building the Brain's "Air Traffic Control" System: How Early Experiences Shape the Development of Executive Function, Working Paper 11».

知力发展的游戏活动，相似年龄段的孩子玩得不亦乐乎。

具有自我判断的自律性

我记得有一天上午，斯坦尼斯拉斯·德阿纳和曼努埃拉·皮亚扎到试点班听课。孩子们各自活动时，我们热情地交流，越说越激动，不知不觉说话声大了起来。一个孩子跑过来提醒我，教室里很吵。他们本来做活动声音很轻，但是因为我们说话声太大，他们也跟着提高了嗓门。于是，为了让大家轻声说话，我请孩子们都停下手中的活动，听听教室里的声音。所有人都停了下来。我还记得，当时曼努埃拉看到我简单的一句话，孩子们都马上遵守，她非常惊讶：竟然所有孩子都这么“听话”。其实，孩子对于我要求的反应，不是听话，我并不是训练孩子服从他人指令。孩子马上根据我的要求改正，原因有两点：首先孩子不喜欢吵闹，喜欢安静的氛围；其次孩子有能力（经过抗干扰等相关能力的训练之后）保持静止去聆听声音。也就是说，我要求的，正是孩子想要的，也是他们可以做到的。

孩子并不听话。如果我的要求看起来合理，他们会马上遵守；如果要求不合理，或他们不感兴趣，他们不会顺从指令。有些孩子会礼貌拒绝：“我正在做其他事。”可以想象得到，就算有观察员在，这种事也可能会发生。比如孩子正在卷地垫，观察员想要评估：“告诉我，你正在做什么呢？”有些孩子会腼腆地回复：“我在卷地垫。”有些孩子则觉得这个问题没意思，领会到只是为了评估，就根本不回答。我知道，孩子一定感觉到这不是真心诚意的询问，而是要评估他们的测试问题，所以他们不情愿配合。

所以“听话”一说并不恰当。孩子有权拒绝，也随时愿意配合——如果他们觉得要求合理。如果是一个看起来不恰当的要求，那就必须坚决要求，孩子才有可能照做。此时，我内心感到无比的自豪。孩子们专注，自信，待人处事合理恰当。他们怎么学会的？我不知道。孩子心智逐渐成熟后，有自己的判断，这些品质也随之养成。我和安娜也注意到，孩子执行力越强，越有自己的想法。这很神奇，一方面孩子拥有什么都可以做的能力，另一方面，对别人要求他做的事，他开始懂得判断合理性并做筛选。

我还记得有一个孩子第一次拒绝我的要求时的情境。当时一个学生想要我帮忙，但是我正忙着，于是我让一个大孩子帮助他。结果大孩子对我说：“塞利娜，我也忙着，你可以请其他人帮他吗？”孩子语气坚定、难以拒绝，当时我心里感到一阵微微的失落，但我调整了一下心情，微笑地看他在做什么……这是孩子独立的表现，只是我尚未有心理准备。毫无疑问，孩子有权利和我一样忙，而且这个孩子的确正在全神贯注地做数学题。我说："哦，是的，我没注意到。你说得对。我找其他人。"等他做完数学题，他跑过来问我是否还需要他帮忙。看到孩子学会如此合情合理地、自信地判断，我感到非常欣慰。

当孩子不顺从我们的指令时，我们往往感觉受到了挑战。其实很可能是我们的要求不合理。意识到这一点，及时调整要求和期待，我们才能在与孩子和睦相处的道路上越走越顺。

这种自律发自内心，释放了孩子的天性，想用说教、谴责或惩罚来压制，根本无济于事。当孩子拥有行动的自由，得以听从内心的创造性原动力时，这种自律会由内而外地展现出来。

尊重孩子对秩序的需求

幼儿会经历一个重要的秩序敏感期，极度需要一切井然有序：每件物品摆放各有位置，归类有逻辑，有固定的使用方式。这一阶段我们需要帮助孩子培养内在的心智逻辑性。孩子在两岁左右敏感度达到顶峰，伴随着各种执行能力的发展，这时候的孩子必须做事有序，自己做选择，有时甚至懂得纠正自己以确保事物的秩序和合理的逻辑性。玛利亚·蒙台梭利博士明确指出这一敏感期，而且我相信，所有和孩子一起生活的人都能够体会到。

虽然我们未曾要求，但其实幼儿很小就本能地渴望以有序、合理的方式来组织世界。研究者发现，幼儿可以本能地将相似或具有共同点的物品放在一起，把不同的物品搁置一边。在一次研究中，研究者在十八个月的幼儿面前将四匹长相不同的塑料马和四支铅笔混合放在一起。然后研究者把手掌摊开，一句话不说。这些十八个月大的幼儿都会不由自主地把马放在研究者的一只手上，铅笔放在另一只手上。研究报告还提到，有一个小女孩特别仔细，竟然发现一支铅笔的笔尖断掉了，她盯着阿利松（心理学家阿利松·格普尼克）的手仔细观察，然后转身抓住妈妈的手，把那支坏了的不一样的笔递给了妈妈。[1]

给事物分门别类，是人类普遍的本能，似乎也是成年人逻辑思维的一部分。而且，这类心智能力，也在成年时帮助我们有序地规划生活，比如整理文件夹时会把社保文件和医疗互助保险文件放在一起，整理厨房时把锅具和锅具、餐具

1 Gopnik, A., Meltzoff, A., Kuhl, P., *Comment pensent les bébés ?*

和餐具放一起。为什么一定有序？世事万物都有内在逻辑，要注意，若是违反了，很可能会破坏了事物间的平衡。也许你曾经对老公说过："为什么把盖子放那里？应该放这里！"他一定会说："哦，是吗？为什么？我觉得放这里更合理。"这种事让人烦恼，因为你内在的秩序感受到了挑战。我们本能地有序组织所有事情，不论在家里或是在公司，不论日程表，或是知识结构，甚至是社会关系。外部世界必须有序，我们的思想才得以安放。

我们很小的时候就开始形成逻辑感，组织思想，领会外部世界。孩子根据逻辑关系和相似性排列整理玩具、进门处的鞋子、被子，乃至所有可能拿到的东西。而且和我们一样，孩子不仅整理东西，也组织自己的生活。孩子拿着书奔向爸爸，因为在他脑子里，这是一个和爸爸有关的故事："不，这个故事不是妈妈念的，是爸爸。""不对，不是那样的，妈妈，是这样的。"他模仿学校老师或者爸爸的动作给妈妈看。"不对！不是放这里，应该放那里。"然后他把浴缸边上的沐浴露挪了30厘米的距离……

所有这些表现，既不是任性，也不是强迫症。和我们大人一样，这是孩子在表达内在的逻辑感，只是因为孩子的逻辑感正处于发育阶段，他们对事物秩序更为敏感。所以，在孩子生命的这一阶段，一定要远离抗拒孩子的逻辑秩序感的人，他们会破坏这种动力。

如果父母认定是孩子任性，而且东西就必须摆放在另外一个地方，那么他们就开始了一场与孩子心智逻辑感的抗争之战。暂时接受孩子的安排，就算觉得不合适，但至少没有束缚孩子逻辑感的发展。当然，父母也要判断孩子的坚持是否真的是逻辑感的本能表现。最显著的标志之一，就是孩子表现出来的专注，如果你看到孩子严肃认真、全神贯注，那么可以确认孩子大脑正处于建构发展中，不应被干扰。

如果身边有幼儿，好好地观察他们，你会发现，三岁之前，孩子都非常看重规律性。如果没有人提醒，一些家长自己发现这一现象，或许会认为孩子患上古怪的强迫症。当然不是这样。到了四岁左右，孩子逻辑感基本形成时，他对秩序的敏感将大大减弱，表现出和谐的逻辑性，性情也会顺从许多。不明状况的家长很容易被这一时期孩子的各种行为所震惊。

我曾有一位女友就是如此。她儿子当时刚满两岁，所有东西都要有序摆放，而且几乎做到极致……不仅要完美地摆成一条直线，而且必须按照颜色或形状有逻辑地排列。我女友承认自己有些没条理，但是儿子如此极端的秩序感，令她很困惑，不明白儿子为什么会“患上”强迫症。她惊讶于儿子的杰作，同时也觉得很好玩，于是拍下照片发给几个好友分享她的心情，照片题为“家里来了个强迫症患者吗”。

没有人教她儿子这样的排列方式，不是我女友或者她丈夫。这种行为绝对不是教出来或者模仿出来的，而是孩子正在形成中的逻辑感的表现，这个小家伙是一个井然有序的人。

在热讷维耶试点班，我们在所有孩子身上都能瞥见逻辑感的端倪。越小的孩子，越倾向于把东西按序整理。如果有同学阻止他，或是被东西阻挡了，他甚至有可能气得大叫。无序对他们来说是无法容忍的事。无序是在挑战他们的大脑秩序。我还记得一天下午，三个学生在地垫上一起做数学题。一开始很顺利，突然，最小的三岁孩子开始闹起来。他一定要坐到两个同学中间，正对着教具。显然同学拒绝了他的要求。孩子很生气，哭了起来。我当时觉得孩子的行为有些粗暴，让他换一种礼貌的方式再问，但还是被拒绝。孩子哭了，泪眼汪汪，显得非常伤心。我很惊讶，问他为什么就要坐这个位置。他一次次说:“因为我就要坐这里。”他的回答让我觉得他真的是任性。但是看到他又哭起来,而且真的很伤心,我换了一种方式问他:“告诉我,为什么你觉得这个位置很重要?”他指着地垫上的教具说:“因为我的东西在垫子中间,所以我也要坐中间。阿尤布的在这边,苏莱曼的在那边。”他一边指着每个人的教具,一边低落地说。听到他的话,我还没说话,两个同学就马上自动分坐到了两边。就这样,逻辑有序的理由战胜了一切,根本无须再争辩。

这个时期的孩子,跟从内心自发的“创造力”,构建自己的思想。必须认识到并接受孩子的这段建设期,告诉自己,这只是暂时的敏感意识,是培养孩子内在逻辑感的过程之一,促使孩子学会做选择,组织身边的世界,激发行动力。只要构建完成,这种极端的敏感就会消退,取而代之的是孩子有序、有组织的思维模式。

更多自由

行动力和心智的充分发展，需要最基本的自由。如果孩子按部就班地按照大人严密强权的要求或者指令去做事，执行力心智很难被调动，也无法得到良好的发展——因为不是由孩子自己规划行动、做选择、评估对错，而是由外人来完成。这也是为什么，在书中提及的所有实践活动和教学活动中，我们只把动作和关键点告诉孩子，其余留给孩子自己去探索。我们的教学方式是建设性的，而不是说教型的。这一点至关重要。因为孩子主要通过探索和自由活动，才能充分调动心智的核心功能。如果一举一动都受到别人的指挥，连犯的错误也由别人指出，而且往往是大人告诉他们如何改正错误，那么孩子就没有选择的机会。

减少亦步亦趋的活动

有一项非常有意思的研究[1]佐证了这一点：相比放学后可以大量自由活动，和朋友或家人一起玩、阅读或画画的孩子，那些大部分时间都在做亦步亦趋的事——比如进度严谨的钢琴课或体育课、埋头做作业的孩子，心智执行力发展较慢。远离外部控制或指挥的孩子，没有人替他们完成活动，他们需要自己设定行动目标，并找到最佳方式快速达到目标。他们的行动力自然而然地得到了锻炼。我不是说要为此放弃音乐或体育活动，相反，这些活动对培养孩子身心协调非常有用，只是我们要减少在这些活动中过多指挥。

为了说明这一点，我给大家讲述一件真实的事。一天晚上，我和朋友一家一起吃晚餐。女友带了一个小男孩，大概四岁。同桌还有一个十四岁的女孩，已经学了好几年钢琴，每周上两小时的钢琴课。吃甜品时，我听到有人在弹奏一曲美妙的旋律。我第一反应是同桌女孩在演奏，但发现她依然坐在座位上。我转过身，看到竟然是四岁的男孩在钢琴前熟练地演奏，非常出色。等我回过神来，我问他弹的是什么曲子，他回答说不知道，他自己编的。我再次被震惊了。我问

---

1 Barker, J. E., Semenov, A. D., Michaelson, L., Provan, L. S., Snyder, H. R. & Munakata, Y. (2014), «Less-Structured Time in Children's Daily Lives Predicts Self-Directed Executive functioning», *Frontiers in Psychology*, 5, 593, pp. 1-16.

女友，她儿子是否也在学钢琴，她说其实他经常自己乱弹，有时候会和弹得比较好的学长一起弹。男孩接受的是非正式的钢琴教育，只学了基本技巧，其余都是孩子自己摸索。十四岁的女孩，多年来定期上课，勤奋努力地练琴，却不会像这个四岁的孩子一样自在、流畅地弹奏。

我一直认定，最佳学习方式是在别人非说教式、非指令式的指导下自己学习。我亲历了惊人的实例。这个四岁的孩子做了什么？他仅仅是跟从自己内心的动力和激情，自己去探索。那大人做了什么？他们给孩子自由发挥的空间，仅仅给他一个非正式的指导。

孩子会自然而然地投入这种非亦步亦趋的活动中。想想看，如果把这些自主的活动，变成说教的授课，孩子一定会不高兴。我们可以称为“自发活动”，就像是为了心智成长而由大脑发出的指令。我们大人最重要的任务，就是接受孩子的内在动力，不要加以扼制。这对我们来说，是一项艰巨的任务，要控制住自己插手的欲望，要意识到这是孩子内心本能的需求和原动力，我们无法挑战，要相信孩子。

让孩子自由探索，就算他们看起来“什么都没学，就是在玩”，也不要心急，他们的大脑正在全力成长中，孩子专心致志的表现就证明了大脑正在全力构建。当然，也不是放任孩子彻底自学，我们在上一章也说到，无人指导的自学有很多弊端。孩子本能地寻求专业指导，从榜样身上学习。想要学到东西，这一步无法跳过。孩子的探索和学习需要基础的指导。所以，给予孩子及时的指导和提示，但不是指令式的说教。理解、领会、思考，需要孩子自己动脑。我们的任务和主要困难是认识到这一现象，不要干扰孩子的创造性活动。

我不推崇电子游戏或电子互动活动，这些游戏的确很吸引孩子，但是弊大于利，游戏强烈刺激大脑细胞，释放大量多巴胺，让孩子“上瘾”。孩子喜欢玩，并不是因为对他们有利，不是出于本能的需求，而是一种依赖。所以我们大人一定要非常注意区别。让孩子尽量远离电子游戏，孩子还小，这类游戏会破坏注意力系统，影响睡眠质量，影响真正有意义的活动。做饭、阅读、唱歌、跳舞、踢足球、演话剧、做手工、爬树、搭户外木屋、花园里做园艺、帮妈妈做家务，这些活动不仅能发展心智的主要能力，而且有助于孩子社交能力、积极性和创造性的培养。

贴近生活、融入自然[1]

到树林里散步，捡松果，拔苔藓，捡树叶做植物标本，摘满满一篮子野花，这些简单的事可以调动孩子积极性，激发行动力。他要寻找目标，研究各种可能性，做选择，需要的时候要一再检查。在水塘边停下来，往水面扔几块石子或树枝，感受不同物体发出的各不相同的声音，观察有些物体会浮在水面，有些顺流而走……这种简单活动，会引发幼儿思考，训练智力。为什么？因为我们会和他们交流，听他们的问题，点评发生的事。我们这么做，也在帮助孩子学习如何表达自己的想法，描述所见所闻，极为有效地促进他们执行力的发展。走在野外，时刻当心脚下，注意不要滑倒，徒步远足，爬山，爬树，在野地里尽情玩耍……这些同样极大锻炼了孩子的执行力，要求他们学会做选择，控制动作协调性，有节制地探险。

大自然里的自由活动，应该说是培养和发展孩子创造力和执行力的重要时机。实践也表明，定期和小伙伴在室外自由玩耍的孩子，比如玩打仗或海盗游戏，具有更强的解决问题能力，往往都能想出各种富有新意的点子。得到释放的想

---

1 D'Amore, C., Charles, C., Louv, R. (2015), «Thriving Through Nature : Fostering Children's Executive Function Skills».

象力，也进一步加强了孩子的创造力和应变能力。所以，让我们的孩子尽情玩耍，玩木棒、石头、泥土、野草、树叶、野花、松果、树皮，给他们时间去玩，去想象，去发明，去创造，去讲述奇思妙想的故事。

5

保护孩子不受心理压力的侵害

我们在本书第一部分曾经提及这一点，但是仍需再次强调。孩子要想心智发育和谐一致，就需要学会调节压力，同时，让孩子远离可能会遭受精神创伤、身体暴力、语言暴力或羞辱的环境。

保护孩子不受暴力侵害

我们已经看到，频繁或持续性强压力刺激，会损害孩子未发育成熟的大脑，尤其破坏负责执行力的脑神经。这部分脑神经位于大脑最脆弱的额叶前部皮层。对成人来说，紧张、生病、疲劳、身体状态差、缺乏体育锻炼时，都有可能让由极易脆弱区脑神经控制的执行力受损，此时的组织力、专注力、持续性、记忆力都会减弱。人变得更容易被激怒，不易变通。我们已指出，儿童大脑尚未发育成熟，压力不是暂时的困扰，频繁而持续性的压力刺激，会直接损害最核心的脑神经元。每一次，当孩子身处高度紧张的环境下时，未发育成熟的心智处于极端脆弱状态，如果紧张环境频繁出现，则脑神经元很可能会严重受损，从而破坏未来成年后的自我调节能力和行动力。根据卡特琳·格冈的研究，“幼儿期额叶前部皮层的严重压力刺激，或将造成脑神经受损，影响大脑发育，减少脑神经元联结的新建数量”。[1] 幼年额叶前部皮层过度刺激，成年之后，面对重大难题时，他将难以控制情绪、缓解冲动、调节心理压力。脑成像显示，相比大脑发育未成熟的幼儿，具有暴力倾向、焦虑、易怒、易激动的成年人面对巨大恐惧时，额叶前部皮层的活力很弱。[2] 卡特琳·格冈解释说，发育不良的原因之一就是幼年时期遭受暴力侵害。大人借口保护孩子而采用的打骂，或是漠视、抛弃，都会损害孩子大脑对于积极热情的人际关系的建构。

---

1 Gueguen, C., *Pour une enfance heureuse : repenser l'éducation à la lumière des neurosciences.*

2 Coccaro, E. F., Sripada, C. S., Yanowitch, R. N. & Phan, K. L. (2011), «Corticolimbic Function in Impulsive Aggressive Behavior», *Biological Psychiatry*, 69, (12), pp. 1153-1159.

幸运的是，人类大脑具有韧性[1]。经过持久的努力、稳固积极的人际关系，可以修复部分幼年时留下的创伤。哈佛大学儿童发展研究中心称，如果复原在任何年龄都可以实现，那么肯定越早越好，越早可塑性越强，越容易修复。

> 创伤修复最常见的是与父母、老师或某位成人的亲密、稳定的关系。这样的关系能够给予孩子个性化的有利支持，保护孩子的发育不受外界侵害。而且这种关系能够促进各种核心能力的形成，比如组织能力、控制力和行为协调能力，帮助孩子从容应对竞争，自由绽放。良好的人际关系支持、各种适应能力的构建、积极正面的经历，构成自我修复能力的基础。[2]

研究也清晰地指出：培养良好的执行能力的环境，不仅仅能够培养孩子的独立意识，同样也保护孩子不受肢体或语言暴力侵害，远离频繁或持续性高强度压力。如今，大量研究毋庸置疑地指出，幼年处于过度紧张的压力环境，会造成

---

1 物理学上的“冲击韧性”指的是身体面对冲击的抗力和回弹力。心理学上的韧性则指个体克服生存困难时刻，不畏惧对手，坚持自我发展的抗压力。

2 Center on the Developing Child (2015), «The Science of Resilience (InBrief)».

记忆力、专注力、自控力的发育不良。[1]

帮助孩子学会控制情绪，保护自己

保护幼儿心智核心能力的发展，不仅要让幼儿远离辱骂、肢体暴力或心理暴力的环境，还需要帮助孩子学会控制坏情绪或日常生活中遇到的压力，给予孩子恰当的指导。我们看到，孩子第一需要的是我们的温暖陪伴，温暖的陪伴可以促进催产素分泌，快速降低应激激素的浓度。我们用这种方式第一时间保护孩子的心智。然后我们教孩子理解自己的情绪，进一步平缓孩子的自我保护。随后，我们还需教孩子分析整件事，教他如何冷静应对，找到解决办法，促进孩子额叶前部皮层脑神经的发育，增强执行能力。脑前额叶得到充分发育，孩子才能从容应对压力，控制强烈情绪。

比如一个孩子生气了，因为在操场玩的时候，同学抢了

---

1 Lengua, L. J., Honorado, E. & Bush, N. R. (2007), «Contextual Risk and Parenting as Predictors of Effortful Control and Social Competence in Preschool Children», *Journal of Applied Developmental Psychology*, 28, (1), pp. 40-55; Maughan, A. & Cicchetti, D. (2002), «Impact of Child maltreatment and Interadult Violence on Children's Emotion Regulation Abilities and Socioemotional Adjustment», *Child Development*, 73, (5), pp. 1525-1542; O'Connor, T. G., Rutter, M., Beckett, C., Keaveney, L. & Kreppner, J. -M. (2000), «The Effects of Global Severe Privation on Cognitive Competence : Extension and Longitudinal Follow-Up», *Child Development*, 71, (2), pp. 376- 390; Center on the Developing Child at Harvard University, «Building the Brain's "Air Traffic Control" System: How Early Experiences Shape the Development of Executive Function, Working Paper 11».

他的自行车。他一边哭喊，一边紧握小拳头，想冲上前去打同学。首先我们上前听他哭诉，安慰他，需要的时候把他拥在怀里，帮他平抚情绪。等他平静下来，我们帮他调动脑前额叶神经，教他学会理解和说出自己的情绪："你是不是伤心了？生气？还是累了？"帮助孩子理解为什么会有这种感受。"你很难过，因为泰奥菲勒答应把自行车给你玩，但是他没有这么做，对吗？"请孩子向同学表达自己的情绪："也许你应该把你的感受告诉同学，你觉得呢？"如果他不知道怎么做，可以建议他怎么说："你可以和他说，我觉得很难过，因为你答应给我自行车，但是你没有这么做。"之后，请他建议一个解决方法，如果有难度，可以告诉他怎么说："或者你可以请他再骑一圈之后把自行车给你？"如果同学拒绝了（通常不会，因为刚刚那个同学已经看到他的激烈情绪），这时我会站出来，"是，他骑完这一圈就会还给你。谢谢泰奥菲勒"。原本不愿意让出自行车的孩子，很快就会把自行车还回来，因为他的脑前额叶皮层发育更成熟，自我控制力更强，更懂得体会别人的感受。

所以，对大人来说，我们需要的是耐心和信任。要知道，这样的事件是评判孩子脑前额叶发育水平的重要指标：面对冲突时，孩子越懂得表达自己感受、控制情绪、提出解决方案，说明他的执行力发育越成熟；相反，孩子自我控制力越差。如果孩子不知道如何应对，不会理解他人感受，不懂得表达想法，就说明他的执行力发育仍需要大人的帮助。对教师来说，课间户外活动的操场就像是观察室，也是训练孩子各种执行力的绝佳机会。

第一年，以及每年开学初期迎接小龄新学生的时候，教师都需要耐心和恒心。孩子控制不了情绪，生气，失落，发生冲突时往往一下子发怒，把教具变成武器。我还记得第一年有一个学生挥动红木棒威胁同学。这样的情景恰恰是不能错过，也是必不可少的训练机会，是教育孩子如何冷静处理矛盾的最佳时间。2011学年的最初几个星期，我们忙得焦头烂额，几乎没有办法安静地一对一教孩子，总是会有其他孩子突然吵起来，大家都没办法专心上课。

理解自己和他人的情绪

帮助孩子理解自己的情绪，不仅可以控制情绪，还能培养重要的心理能力——共情。研究表明，同理心来自对自我和自身情绪的理解。可以辨识自身的感受，才更懂得体会别人的感受。社会神经学专家塔尼亚·辛格（Tania Singer）写道[1]："关于共情的一系列实验同样教会我们一件事，那就是不了解自身情感和精神状态的人，控制共情的脑神经区缺乏活跃度。要领会他人的感受，首先要理解自身的情感……培养同理心的前提，是学会理解和接受自身的情绪状态……"

1 Ricard, M. & Singer, T. (2015), *Vers une société altruiste*, Éd.Allary.

6

回归自我

第三部分的开篇我们曾提及儿童执行能力在三岁至五岁期间飞速发展，不过能力启蒙很早就开始。如果孩子三岁之前可以在成年人非强制、相互尊重的指导下发展执行力，那么到了三岁，他通常都能拥有良好的执行力，比其他孩子更懂得如何控制自己，比如不会违背要求随意打断别人的谈话，拥有自信，活力十足，做事有目标，根据能力适度冒险，有创造力，能坚持到底，不畏惧大人，能快速适应新环境，知道如何与他人合作，个性分明，知道自己想要什么，也懂得通过努力去实现自己的愿望。不懂得自己行动的孩子，往往在三岁时就显示出执行能力很弱，行为控制力差，总是跟着同学做蠢事，稍有不顺就放弃，注意力不集中，总是打断别人说话，难以控制自己，动不动就大发脾气，大哭大闹，容易冲动，缺乏自信，总是要依赖大人。

不过，随着孩子学着凡事自己动手，体会到自信的快乐，他们的行为和性格也会慢慢“回归正常”。如玛利亚·蒙台梭利所言，她认为缺乏自信、易怒、无条理的性格其实是孩子心理状态的表象，说明执行力发育不良。在她看来，这样的孩子“功能性欠缺”。不过，如果我们给予孩子定期和有效的行为心智的锻炼，让孩子在有意义的日常实践中，来训练他心理和肢体的协调，孩子将逐渐恢复专注力、自控力和自信，从毫无章法、烦躁不安、依赖、学坏榜样，变得自律、有序、性情平和、独立、自信、有创造力。

所以，重要的是，那些三岁之前没有机会充分发展心智核心能力的孩子，能在三岁至六岁这段时间，借助一个良好的环境，得到鼓励，得以自己动手投入到实践活动中，激发热情和自己行动的动力。这也是我们说的幼儿园最重要的责任之一。为孩子提供有条理有逻辑、激发动力的活动，帮助孩子发展活动心智，是幼儿园工作的重中之重。

关于这一点，我们应该重新定义：三岁的孩子寻求的不再是母亲的照管——当然，他们需要坚实的人际关系，这也是学校应该给予孩子的——他们更迫切也更坚决渴望的是学会独立。为了完成这一任务，我们需要给予孩子自由空间，明白孩子心智由他自己掌控，让孩子释放自我，跟从内心的动力。能做到这一点，而且让孩子随时可以得到我们的帮助，孩子很快就能彻底绽放，达到自己的目标，切实实现自己的想法。我从未怀疑过，此刻的世界在孩子眼中已华丽转变。

我们在热讷维耶启动试点班时，当时大部分孩子执行力发育滞后，记忆力、自控力和专注力都很差，稍微一点儿干扰就分心，难以坚持到底。但是试点班的日常运作就是基于孩子独立学习，所以他们的执行力欠缺显得格外明显，不再是由大人指定、主导的课堂活动设定的条条框框，没有指令，也没有严苛的作息时间表……没有外部规则规定每个人的一举一动，孩子仿佛是失去舵手的小船迎着起伏的波涛，碰撞，受伤。他们在混乱中相互锻炼，挑衅，吵闹，争斗，打坏教具（或偷走教具），这一幕幕每天都能在教室里看到。我们大人放弃了曾经用力维持、“掌控”孩子一整天的课堂规则，于是，教室里“天下大乱”。我们不得不面对现实，而且这现实不是一件轻松事。我们看到孩子毫无头绪地在教室里瞎晃，不知道自己该做什么，只等着有人下指令。我们全心全力指导，赋予信任，同时一丝不苟，严格要求，渐渐地，我们终于帮孩子渡过难关，而且我必须承认，这一路多是艰难的挑战。但是，孩子在我们的指导下，每一天都能借助自由但有序的实践活动锻炼行动力，慢慢学习用清晰准确的语言表达自己的想法，他们的性格逐渐得到彻底改变。他们学会了控制肢体动作，有礼有节，照顾自己，照顾同学，善于交往，性情温和，大方，和善。我们甚至可以看到他们的身体更健康，整个人更加神采奕奕。

第三部分将近尾声时，我想再次强调，要用富有爱心、积极的方式陪伴孩子，同时要求我们大人也要具备坚实的实操性执行力，具备良好的记忆力——记住每一个孩子的重要信息，灵活的应变能力——随时根据每一个孩子的需求调整策略，寻找最合适（往往重新设想）的教学法，而且我们真的还需要具有强大的自我控制力，管理我们的情绪，比如愤怒和不耐烦。另外，我还要再次提醒，研究明确指出，压力、疲劳、疾病、忧郁、孤独、缺乏运动，都会降低我们的执行力。如果我们处于疲惫状态，忧郁萎靡，生病或身体不适，就难以及时准确地回应孩子的需求，没有足够的精力，平衡轻重缓急，很容易感到心烦意乱，失去耐心，容易发脾气，难以掌控情绪。在课堂上，如果我们老师状态不佳，也很有可能会忘记提醒某个孩子继续前一天他非常感兴趣的活动，或者鼓励孩子重新尝试练习打结，孩子遇到困难时我们的回应也不够迅速及时。

所以，我们自己的身体和精神状态也非常重要。我们是孩子成长环境中最重要的元素。我们的陪伴和支持，我们的个人能力，不论是一对一的辅导，还是集体授课——我们才是孩子学会独立的首要条件。所以最重要也是必需的第一原则，就是照顾好我们自己。一定要明白这一点，只有这样，我们才能给予孩子最好的服务。好好休息，健康饮食，坚持运动，拥有活跃的朋友圈。孩子独立性格的培养，需要我们精力充沛、热情和善、有求必应的耐心陪伴和指导。只有在我们“实操性”地一对一或者集体引导下，孩子才能培养起坚实的独立人格。

而且，我要建议那些决定改变课堂活动的老师们，要逐步改变，根据孩子的进步和能力设定合适的活动目标，不要给自己和孩子施加无畏的压力。远离压力，别给自己徒增紧张，对我来说，这是一个基本点。想要正确、有效地引导孩子，我们自己要集中精力，做到“全身心备战”。

哈佛大学儿童发展研究中心指出：要培养良好的行动力，需要大人的用心陪伴和个性化指导。同时，成长环境要能给予孩子自由选择的机会，让孩子自己主导活动，而大人逐渐隐退。大人应有预见性地有效指导孩子学会管理情绪，使孩子能够时刻得到关注，大人尽量“有求必应”但又不至于因为无法脱身而备受压力，使孩子的各种能力得以获得全面发展。[1]

1 Center on the Developing Child at Harvard University, «Building the Brain's "Air Traffic Control" System… ».

4 秘诀就是爱

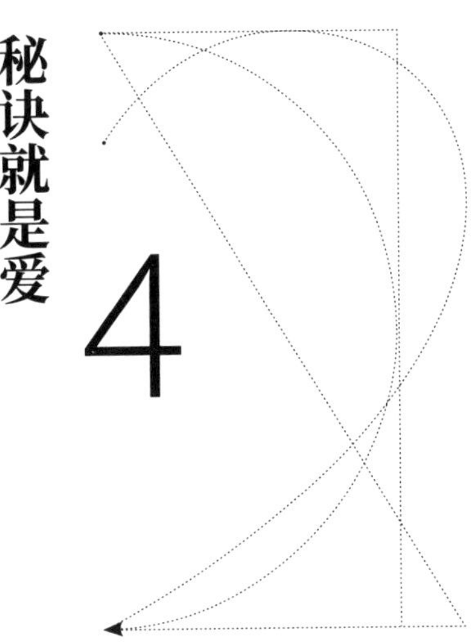

谈到学习时，如果爱并不是脑子里第一个跳出的词，那么一定犯了根本性错误。我们这么说，也在校园墙壁上张贴出来：“爱是灵魂的加速杆。”我们期待与他人热情相识，心有灵犀，当我们跟从内心的这一大原则时，一切皆有可能，不再是乌托邦式的天真想法——只有那些内心不再感到确信的人才会认为是天真想法。一个友善的眼神，伸手帮助的心意，一个微笑，感同身受的倾听，让身体的一切，不论是躯体或是心理，犹如再生。

依赖感的力量[1]

哈佛大学教授、精神病专家罗伯特·瓦尔丁格问道："我们是否可以跟踪研究一个人，从少年时代一直到他步入老年，探寻到底是什么能让人们保持快乐和健康呢？"[2]这正是他想要揭露的答案："哈佛大学这项关于成人发展的研究[3]，很可能是同类研究中历时最久的。在75年时间里，研究者跟踪了724个人的一生，年复一年，了解他们的工作、家庭生活和健康状态，而在这一过程中，我们完全不知道他

---

1 "依赖"（reliance）是比利时社会学家马尔塞尔·鲍尔（Marcel Bolle De Bal）提出的概念，为法国社会学兼哲学家埃德加·莫林（Edgar Morin）所引用和发展。这里的依赖是动态的，指关系或交往的行为，也指这种行为的结果，也就是"依赖感或是交往的状态"。参见：Bolle De Bal, M. (2003), «Reliance, déliance, liance: émergence de trois notions sociologiques», *Sociétés*, 2,(80), pp. 99-131。

2 Waldinger, R. (2015), «What Makes a Good Life ? Lessons From the Longest Study on Happiness», TEDxBeacon Street.

3 Waldinger, R., «The Study of Adult Development, Harvard Second Generation Study». 更多信息可查询 http ://www.adultdevelopmentstudy.org。

们的人生将走向何方。像这样的研究少之又少。像这样的项目几乎都会在十年内终止，因为有很多人中途放弃研究，或者是研究资金不足，或者是研究者转换方向，或者去世，然后项目无人接手。但是感谢幸运女神的眷顾，和几代研究人员的坚持不懈，这个研究项目存活下来了。”

研究调查了来自截然不同的两个社会阶层的两组人群，每组几百人，一组是哈佛大学在校生，一组是波士顿贫民区的少年。七十五年之后，研究结论无可置疑，研究负责人总结说：“我们得到的最清晰的信息是：良好的人际关系让人更快乐，更健康。仅此而已！”不论富有或贫穷，是否事业有成，身体是否健康，“我们发现，那些跟家庭成员更亲近、更爱与朋友和邻居交往的人最幸福，比那些不善交际的人更快乐、更健康、更长寿……相反，孤独寂寞有害健康。离群索居的人比不孤单的人，往往更加不快乐，人到中年时健康状况下降更快，大脑功能退化更快，也没有那么长寿”。“长远来看，孤独感是我们的致命杀手。”罗伯特·瓦尔丁格总结说。

研究同样指出，身边亲友围绕的人，他们的记忆“更新鲜、更持久”，而那些觉得身边无人依赖的人，“记忆力会更早出现衰退”。

信赖感及其益处，对我们人类这种社会动物来说，是正常生活必需的。哈佛大学的研究告诉我们："幸福的婚姻，并不意味着从不拌嘴。有些夫妻，八九十岁了，还天天斗嘴。但只要他们坚信，在关键时刻，对方能靠得住，那这些争吵在记忆里就无足轻重。"

关系的魔力[1]

当我们与他人相识相知、慷慨、热情、心有灵犀时，我们身心绽放，拥有无限活力。一个鼓励的眼神，雪中送炭的援助的手，一切，所有一切都有可能。不论是施予者还是接受者，都心跳平缓，血压稳定，免疫力增强，胃口特别好。拥有愉悦关系的人，他们的大脑神经元联结更活跃，尤其是控制记忆、情感、道德和做决定的脑神经格外活跃。脑神经元联结旺盛，学习能力、感受力、道德感加强，能更好地做出适当的决定。同样，当我们热情友善地对待孩子（和大人）时，我们的做法不仅有利于孩子的健康，更有助于他们认知能力、社交能力和道德思想的培养。

在热讷维耶试点班，我们尽可能地利用这一手段，我们

1 参见关于这一课题的研究汇总：Gueguen, C., *Pour une enfance heureuse : repenser l'éducation à la lumière des neurosciences*。

采用热情、友善的态度，领会孩子的感受，同时不会忘记有规有矩。在我看来，对班上的孩子来说，大人的这种姿态是孩子认知、情感和思想成长的催化剂。

依赖感是一种回报

整个生理功能都鼓励我们寻求得到照顾和依赖，当我们慷慨[1]、无私[2]、公平公正[3]、信任他人[4]时，我们得到的回报是大脑多巴胺的分泌。多巴胺作用于脑神经，释放激情、动力、愉悦感，鼓励我们不断前进。多巴胺释放带来的活力和干劲，也激发了创造力，令我们感觉更强大，“无所不能”。

---

1 Harbaugh, W., Mayr, U. & Burghart, D. (2007), «Neural Responses to Taxation and Voluntary Giving Reveal Motives for Charitable Donations», *Science*, 316, (5831), pp. 1622-1625; Moll, J., Krueger, F., Zahn, R., Pardini, M., de Oliveira-Souza, R. & Grafman, J. (2006), «Human Fronto-Mesolimbic Networks Guide Decisions About Charitable Donation», *Proceedings of the National Academy of Science*, 103, pp. 15623-15628.

2 Lecomte, J. (2012), *La Bonté humaine*, Odile Jacob; Moll, J.,Krueger, F., Zahn, R., Pardini, M., de Oliveira-Souza, R. & Grafman, J., «Human Fronto-Mesolimbic Networks Guide Decisions About Charitable Donation»; Thoits, P. A. & Hewitt, L. N. (2001), «Volunteer Work and Well-Being», *Journal of Health and Social Behavior*, 42, pp. 115-131; Aknin, L. B., Dunn, E. W. & Norton, M. I. (2011), «Happiness Runs in a Circular Motion: Evidence for a Positive Feedback Loop Between a Prosocial Spending Happiness», *Journal of happiness studies*.

3 Tabibnia, G., Satpute, A. B. & Lieberman, M. D. (2008), «The Sunny Side of Fairness: Preference for Fairness Activates Reward Circuitry (and Disregarding Unfairness Activates Self-Control Circuitry)», *Psychological Science*, 19, pp. 339-347; Tabibnia, G. & Lieberman, M. D. (2007), «Fairness and Cooperation are Rewarding: Evidence from Social Cognitive Neuroscience», *Annals of the New York Academy of Sciences*, 1118, pp. 90-101; Sanfey A. G., Rilling J. K., Aronson J. A., Nystrom L. E. & Cohen J. D. (2003), «The Neural Basis of Economic Decision-Making in the Ultimatum Game», *Science*, 300, pp. 1755-1758.

4 King-Casas, B., Tomlin, D., Anen, C., Camerer, C. F., Quartz, S. R., Montague, P. R. (avril 2005), «Getting to Know You: Reputation and Trust in a Two-Person Economic Exchange», *Science*, 308, (5718), pp. 78-83.

安娜和我明显地感受到成效，毫不夸张地说，我们热情友善的姿态，带给孩子（以及家长）的依赖感，也支撑着我们坚持下去。我们感受到激情、活力、轻松、愉悦。我们迫不及待想回到孩子身边。这种强大无比的精神回报，让我们面对试点班教学落地的重重行政困难时仍然可以坚持下去，依旧干劲十足。

依赖感让人愉悦，更懂得感同身受

当有人可以依赖时，大脑悄悄分泌催产素，产生极大的信任感、依恋感、愉悦感。有依赖是一件好事。

而且，催产素让人更关注他人的心意和情感，培养同理心，与他人关系更密切。就此我们进入一个强大的“情生情”的良性循环，慷慨，富有同情心，更加懂得体会他人的感受。同时我们也影响了他人，当我们热情友善时，对方的大脑也会分泌催产素，令人愉悦，更能增强同感同理心。

我们具有强大的感染力，我们的热忱、仁爱，能让关系亲密的人的大脑瞬间产生化学反应。国际著名物理学家、社会学家尼古拉斯·克里斯塔基斯（Nicholas Christakis）解释说，一个人的友善、合作行为，会正面影响到他的社交网络的三层关系[1]，也就是说，热情和善的人，他的行为将感染和传播给朋友的朋友的朋友，即使最后一位和他从未谋面。爱，滋养思想，提升智力和创造力。而且，根据最新研究的精彩结论，爱具有强大的传播力。[2]

亲密热忱的关系，激发催产素分泌，促使内啡呔产生，让人感到舒适，提高血清素含量，使人镇静，更好地控制情绪。处于热情环境中的每一个人都能感受到一系列良好的反应：愉悦，信任，更懂得体谅他人，性情平和。

相识或相知，能悄然激发催产素分泌，打开良性循环：伸手助人的人，感到轻松、安心和无与伦比的快乐，而得到帮助的人不再焦虑，重振信心，痛苦减轻。

分离——破坏、遏制了情感的发展[3]

相反，反社交的行为将人们分开，拒人千里之外，自私自利、暴力、成见、争斗、误解、漠视、侮辱、挑衅，都会带来痛苦、不适、消沉、疾病、身心健康衰退。我看到的所

---

1 Dans Gilman, S., de Lestrade, T. (2015), *Vers un monde altruiste ?*, documentaire de 91 minutes, production Arte France,Via Découvertes.

2 Schnall, S., Roper, J. & Fessler, D. M. T. (2010), «Elevation Leads to Altruistic Behavior», *Psychological Science*, 21, pp. 315-320.

3 Lanzetta, J. & Englis, B. (1989), «Expectations of Cooperation and Competition in Their Effects on Observer's Vicarious Emotional Responses», *Journal of Personality and Social Psychology*, pp. 543-554.

有著作或研究报告都告诉我，无论从哪个角度分析，阻止依赖感产生的一切行为都是百害无一利的，都让我们的身体亮起红灯，陷入失衡。

相反，如果身体不分泌有益分子，将会导致神经紧张，分泌应激激素，整个身体进入戒备状态：心跳加速，血压升高，免疫系统功能下降，消化系统功能停滞。我们之前也提过，如果长期处于高压状态，身体健康将会受损。

应激激素也会令大脑受损，导致大脑活动放缓或不再新建神经元联结，尤其是记忆区。哈佛大学的研究表明，感到孤独的人，“大脑也会更早地出现衰退症状”。同时，控制同感心、判断力、道德心的神经回路受阻，从而导致学习能力、同感心、道德感、判断力下降。

孤立状态下的身体拉响了警报

有人可依赖的感觉是身体和心智健康的基础。当被伴侣抛弃或拒绝时，身体会马上拉响警报，刺激大脑控制身体疼痛的区域。[1] 孤立无援的感觉有损健康。当一个三岁的孩子因为两个同学不想和他一起玩而不停哭泣时，他并不是在演

---

1 Eisenberger, N. I., Lieberman, M. D. & Williams, K. D. (2003), «Does Rejection Hurt ? An fMRI Study of Social Exclusion», *Science*, 302, pp. 290-292.

戏，他的确感到非常难过，无法自己镇静下来，因为身体已进入戒备状态。

虽然当代社会让人们之间渐渐产生距离，但我们的生理却未做好准备，自私自利、偏颇不公、争强好胜、个人主义都有可能让我们陷入孤立，使大脑不再分泌多巴胺，不再产生反馈性的信息传递。[1]

人类本性是社会动物，身体的每一部分都在诉求社交活动。请读者在线搜索查看“静止的脸实验”[2]的视频，自会领会其中的道理。这项著名的实验首先让父母与婴儿正常互动，对他微笑，说话，抚摸，然后突然毫无表情地看着婴儿，对婴儿的动作或眼神不做任何反应。婴儿先是做鬼脸想引起爸爸妈妈的关注，然后又拍手，微笑，手指向远处。当看到一切尝试都不奏效时，他开始左顾右盼，哭泣，表现出极大的不安。

自出生开始，我们就寻求与他人的交往，当这种关系中止，我们会感到非常难过。对刚刚出生的小婴儿来说，爱并

---

1 Rilling, J., Gutman, D., Zeh, T., Pagnoni, G. & Berns, G. *et al.*,(2002), «A Neural Basis for Social Cooperation», *Neuron*, 35, (2), pp. 395-405.

2 可在线搜索查看“静止的脸实验”视频（Still Face Experiments），也可参考以下研究：Tronick, E., Adamson, L. B., Als, H. & Brazelton, T. B. (1975), «Infant Emotions in Normal and Pertubated Interactions», document présenté à la réunion bisanuelle de la Society for Research in Child Development, Denver, CO.。

非可有可无，爱是生存的必需品。

热讷维耶试点班孩子的依赖感

着手设立热讷维耶试点班之前，虽然我和大家一样都知道人际关系的好处，但是我没有意识到依赖感的力量有多强大。在这个环境里，一切设计都是为了促进积极的社交活动，互助、信任、理解、感同身受、相互依赖，交流、微笑、一起玩耍。自从我实践试点班以来，毫不夸张地说，我们就像进入了另一个维度空间。我找不到合适的词语来表达我的感受。我们重新发现了人性，看到了人性的本质，看到了人性真正的力量。

惊喜已不足以表达我的感受，可以说，班上孩子的转变让我震惊。他们身上所有能力和正能量都获得了绽放：认知力，记忆力，同感心，社交能力，快乐，激情，情绪稳定，性情平和，创造力，自信以及对他人的信任。第一年，大部分孩子入学时信心不足、腼腆、不敢和大人说话，几个月之后，家长们都反馈孩子自信多了，能够坦然与人交流，大方得体。现在，家长反而需要拉住他们，不然他们会开心地和每一个行人打招呼说“你好”。有一位妈妈，每天很晚下班，我几乎从来没见过她来接孩子放学。有一天晚上，我正在收拾教室，这位妈妈跑来找我，激动地对我说：“您对我儿子都做了什么？我几乎认不出他了。他变得很随和，大方，自信，独立，慷慨。他会帮助我，也会帮哥哥们。他很能说，而且很注意自己的表达。您是怎么做的？请告诉我！”

在班上，因为我们知道热情友善的关系是何等重要，我们走了捷径，发挥了爱的力量。从孩子入班的第一天起，每一天里，我们都努力让每一个孩子生活在关怀、支持、公正、热情的氛围中。和每一个孩子在一起时，我们全心全力付出，也接纳孩子的个性。我们相信每个孩子，遇到困难时，我们就像运动教练一样支持他们：“加油，你一定能做到，只要你需要，我每天都会陪着你。我们是一个团队，我会支持你。我们一定会成功。”我们连续几天，专门照顾某几个孩子，就为了让他们不要失去信心。孩子可以信任我们，因为我们让他们看到并且记住，我们说到做到。

当然，我们无法天天如此。我们也会疲惫、伤心、生气、烦躁、被激怒。但是我们尽全力去做。并不是所有孩子都远超国家标准，大部分孩子做到了，但还有几个基础很差的孩子取得了意料之外的长足进步，最终才达标。但是，至少我们从家长那里得知，在这种热情友善、注重个性、充满信任的环境下，每一个孩子都重振信心。对我们来说，这是最宝贵的成绩。

友爱、信任、支持的态度，很快得到孩子们的纷纷效仿。几星期之后，我惊讶地看到有些孩子模仿我们的行为和我们说过的话。当有孩子伤心或不开心时，虽然他有时表现得实在不讨人喜欢，也总会有同学过去轻轻地牵他的手，对他说："你怎么啦？生气了吗？不开心吗？"他们模仿我们的做法，有时候甚至会自己设想出更加恰当的方式。"你看起来不开心，"几个孩子对一个看起来身体不适的同龄同学说，"发生什么事了？"如果他不回答，他们会牵起他的手："如果你愿意，可以和我们一起。"不过大部分时间，孩子都会回应，把来龙去脉都说出来。于是，他们会一起想办法。最初看到这一幕时，安娜和我都非常感动。看到我们付出的热情和友善逐渐改变了孩子，真的特别开心。

孩子懂得照顾和体谅人之后，他们也会这样对我们。我记得曾经有一周，我压力很大，甚至在安娜怀里哭了好几次。行政机构重重设阻，我们举步维艰。试点班随时面临关闭危机，三番两次的学术审查，动不动就被威胁、嘲讽，我差点儿就去投诉他们精神骚扰。那段时间，孩子们非常体贴，日常生活小事尽量自己做，不麻烦安娜，有些孩子会过来轻轻地牵我的手，把头靠在我的肩膀上。

为了当初把试点班坚持办到大班的承诺，我四处奔波，但换来的仍然是各种审查差评。有一天，我真的准备彻底放弃时，一个孩子来到我身边。当时，我坐在一组做活动的孩子旁边，陷入沉思，他走过来抱住我："塞利娜，你知道吗，我很爱你。如果你愿意，可以和我说说。"他的爱给我意想不到的安慰。我紧紧地抱住他，感谢他的真情。我真真切切地感受到体谅、同情、真心实意具有何等的力量。

我想，我可以说，爱是热讷维耶试点班得以成功的基石。我相信，我们向孩子传达的信任、同情心和道德心促进了他们的心智、记忆、性情、健康、社交生活和精神生活的发展。虽然审查测试无法衡量这一点，但我对此坚信不疑。

芬兰的一项"起步研究"(The First Steps Study)，连续十年跟踪调查几千名学生与教师之间的互动关系，获得大量数据。研究指出，大人的热情和体谅的态度比任何教学工具或限制班级学生人数的做法，都更加有助于孩子提高学习成绩。[1]

孩子们每天在教室里，有各种活动可以自主选择，享受

1 Siekkinen, M., «Empathetic Teachers Enhance Children's Motivation for Learning»，发表于东芬兰大学官网。"起步研究"至今仍在持续研究中。

爱和关怀，他们变得开朗，精神饱满，活力四射，甚至连身体都难以置信地变得更为健康。身边的亲人，兄弟姐妹、表亲堂亲、父母长辈都很喜欢他们。家人热情、关注、充满爱，随时准备提供帮助。同时，孩子还有一个更大的有爱的社交圈，有30来个不同年龄的同学可以依赖，可以一起玩喜欢的游戏（在想玩的时候），这些都极大地促进了孩子的全面发展。

创造一个有利于社交的环境

把孩子聚集在一间教室，陪着他们培养独立意识，这样不足以培养他们的社交依赖感，还需要一群不同年龄的孩子。然而传统教育根据出生年月分班。想想看，把一个三岁孩子放在满是同龄孩子的空间里，一样地无助，一样不懂如何表达自我，一样不懂得控制自己，对孩子情感和社交生活来说该有多难……小家伙将面临何等的压力？他自然会抱着父母的大腿不放，不肯进学校。所以，要遵守的一条最基本的自然法则，就是孩子想要学习，想和不同年龄的人在一起，稍微年长或稍微年幼，这样他既可以模仿崇拜的学长，又可以争当小老师。

混龄班不管年龄相差多少，最重要的是创造条件促进孩子间的交往。我们反复提及的一个条件，就是大人懂得鼓励孩子间的积极交流和相互理解。另外一个我认为极其重要的条件，就是大人懂得设定有逻辑可严肃执行的规矩。

孩子应该明确意识到，在教室里他们可以自由活动，但同时老师要保障每个人得到公平公正的对待。在热讷维耶试点班，如果有孩子违反明示的课堂规矩，比如不尊重同学，或损坏教具，我们会马上严肃制止："不可以这样。我不允许。你这样做（我们会客观地描述事实，避免任何偏颇），打扰了同学/破坏了教具。"随后我们要求他改正，"我请你马上住手，然后跟我来，我们一起看看你喜欢的其他活动。"我们总是会给孩子安排其他吸引他的活动，以消耗孩子的巨大能量，促进心智发展。其实大部分时间都是因为孩子没有找到合适的活动，精力过旺，才会到处惹事。有些孩子在刚开学的一段时间里经常不守规矩，必须经过一段适应期，才能学会自主活动。

在这种情况下，我们大人要做到公正、坚定。我们态度和蔼，尊重孩子，但原则问题决不让步，必要时我们也会提高嗓门。孩子的执行力逐渐成熟，可以全身心投入感兴趣的活动时，这样的破坏行为会逐渐减少，直至彻底不再犯。

依赖感，不是依赖

我们给依赖感很多命名，爱，无私，和蔼，宽容，信任，慷慨，同情，这些情感都不是孩子未来教学或社交的倾向选择。但这些价值观是身体健康、心智健全、良好的道德和社会公德心、性情平和、有情商、有活力、有创造性的摇篮。陪伴孩子成长为和谐全面发展的人，不可缺少爱和爱的各种表达。在一个分离或敌对的环境里，孩子无法得到良好的发展，因为这是违反人的生理本能的——这样的环境配置了一切，却缺少最重要的情感，即社会大家庭的真诚和安全感。

在热讷维耶试点班，我们尝试培养团队感，我们不再是师生关系，只是孩子和大人，大家一起通过自己努力学习独立。孩子不叫我老师，我也不称呼他们为学生，我们都直呼其名。没有人可以评判他人，大人也不行。我们每天都生活在平等的集体里，就像一个大家庭，希望每一个成员都做到最好，为此大家互相帮助。

当然，和平共处的平等氛围，并非一朝一夕就能实现。有些孩子在传统体系幼儿园已上过一年小班课程，他们需要一年时间才能学会关注自身，了解自己的需求，学习自己判断。这些孩子习惯了自上而下的命令式体制，整个班级的生活都基于大人的指令和大人的评判，他们依然依赖我们帮他们做判断，等着我们的指令和决定。重新适应自主学习的模式，对某些孩子来说并非易事。2013年我受邀做TED演讲[1]，在准备讲稿时，我一直很犹豫是否要提及第一年令我惊讶的这种现象。最终我选择了一个更广的主题。但是我很乐意在此和读者分享一件令我印象深刻的有关评语的经历。

2011年试点班初创时，班上有两个年龄段的孩子，三岁的小龄班和四岁的中龄班。中龄班孩子已在传统幼儿园上过一年小班。从9月份开始，我为孩子们设定了一个可以自主选择心仪的游戏活动的环境，在此之前，这些游戏活动我都一对一教过他们如何做。也就是说，我要求孩子自主活动。当时，我很自然地期待中龄班孩子比小龄班孩子更独立。然而出乎我意料的是，大部分从未上过学的小龄班孩子自己选择了活动，专心致志地开心做起来，显得很独立。反而是那些上过学的孩子很难明白这样的课堂是怎么一回事。不告诉他们做什么，他们就不知道选什么活动。他们不仅不想自己选，而且不知所措，害怕在我面前会选错；就算最终

---

1 Alvarez, C. (2014), «Pour une refondation de l'école guidée par nos enfants», TEDxIsereRiver, Grenoble.

选了一个活动，也是小心翼翼地观察我的眼神，等着我的同意才动手。他们总是跑来问我：“塞利娜，这个可以吗？”他们期待而且寻求他人的准许，等着大人对他们说“可以”。我让他们自己判断：“你呢，你自己喜欢吗？你想继续，还是换一个？”他们诧异地看着我，显然我的问题让他们不知所措。

几个孩子很快就不再依赖我们。虽然最初几次被我的问题问倒，但是他们马上就继续活动，知道自己可以做得更好。他们自己专心做活动很长时间，依赖的毛病很快就改掉了。单纯靠我的要求，他们是不可能做出改变的，只有自己认为必须这么做，他们才会改。这些孩子很快就学会了独立，时不时满脸笑容地跑过来，给我看他们做的东西，他们不再需要我的判断或准许，他们只需要我的关注。我怎么做呢？我发自内心地感到欣慰，不过我依然理性地表达喜悦，描述看到的事，不加任何评判：“哇哦……整幅曼陀罗你都画好了，有蓝色、红色，还有紫色！你开心吗？”他们点点头，笑开了花，然后跑回去继续做。

毋庸置疑，成长中的孩子需要我们的关注，他们也会这么要求：“看呀，妈妈！快看，我站在树墩上了，我站得很稳！”重要的是，我们不能让这种需求依赖我们的要求和决断，所以我们的关注应该是“我看到了”而不是“我准许”。我们在热讷维耶试点班的做法就是告诉孩子，他们对自己获得的成果满意时我们也很开心，而不评判他们的行为，“很好”的评语会令孩子产生依赖，我们的原则是描述孩子的做法：“你爬上树墩了，而且站得很稳！哇哦，我看到你很高兴，我也很高兴！”和他一起感受快乐，保持孩子的激情动力。

几星期之后，我发现这些难以自主活动、不懂得从中感受快乐的中龄班孩子，都是“乖学生”。长达几个月的时间里，他们无法专注于自己想要的东西。自主活动时，如果没有我的鼓励，他们也难以独自享受快乐。我还注意到，一些孩子虽然自主活动时间渐渐加长，但一旦我从他们身边走过，他们就马上站起来，期待我说句“很好”。但是我没有这么做。最后他们以为我没有看见，又站起来，跑过来问我：“塞利娜，这样可以吗？”我花了很多时间，让这些“乖学生”不再依赖大人压倒一切的评判，而是重新感知自己的判断。我真的觉得对这些孩子来说，让他们摆脱对大人评判的依赖为时太晚。对于大人的问题或要求总是争当第一回应，越是这样的“乖学生”，越难以学着自己选择，自己判断结果。他们在远远地观察我的反应。我要努力做到绝对客观，不加任何评判。

一些孩子难以适应。说实话，现在回想起来，我当时真的于心不忍。最初几周相当难熬。他们已经四岁，却不懂得感知自我，只会依赖大人的专断评判，他们在乎的不是自己的探索和发现，而是有没有赢过同学，会不会得到老师更多的喜爱。与此同时，我看到那些小龄班孩子，完全不知道学长们的感受和经历，长时间地独自一人或者几个同学一起，投入到令他们着迷的活动中。他们几乎不留意我，而是根据自己的感受，专心探索。

我必须承认，虽然我自始至终相信，这些来自贫困地区的孩子一定可以掌握基础知识和技能，甚至可以优于平均水平，但的确也有很多次，我真的怀疑到底能不能教会某些孩子独立。坦白说，如果孩子不是为了自己而学，不是发自内心的快乐、自由和自主选择，那么不论教阅读或是教算术，对我来说都毫无意义。为了让他们重新获得被传统教育剥夺的自由，我们找到了一个看起来成效不错的方法：每当看到他们喜欢某一个活动时，我们都会直白地表达喜悦之情："瞧，我看到你很喜欢这个活动！看到你这么开心，我也很高兴。希望你还能找到能让你这么开心的其他活动。"不管是简单的活动还是复杂的题目，我们为每一个孩子的努力和学习成果感到高兴。渐渐地，中班龄孩子不再相互攀比，内心的动力和情感得到了释放。

一旦养成了独立性，孩子就像变了一个人。他们不再相互攀比，而是自己设定挑战目标，甚至是连我们都不敢设想的高难度挑战，他们自由发挥，绽放自我。要知道，走到这一步，我们付出了何等巨大的耐心、精力和心血！最初，有些孩子不停地窥视我的反应，根本无法融入这个课堂，不懂得感知自己内心的满意，而是在乎他人的评判。这真是艰难的挑战。我必须做到严格要求、果断裁判、信任、有耐心、和蔼友善，并把握最佳尺度。不得不承认，我也走了不少弯路，也正是因为如此，经过几个月的磨炼，我才能进一步明白和明确最适合孩子的态度和方法。

在试点班启动大约5个月之后，应该是2月份，看到大部分中龄班孩子重新找到内心的动力，我终于如释重负。摆脱了依赖之后，整个课堂的氛围变得安静，和谐，平等。大家成为朋友，感觉融入了一个大集体。

一天，我有事不能去学校，因为找不到代课老师，我只能把孩子分配到幼儿园的几个班级中去。第二天，有一位老师拿给我几张纸，对我说："喏，这是你不在时，我给你'学生'做的题目。我已经改好了，你可以直接贴在作业本上。”她很帮忙，也很“认真”，我向她致谢。我看着这几张纸，这是中班的写字课作业，让孩子抄写字母，练习写字，这位老师用红笔在作业上批改。很显然，四岁孩子的写字水平不可能好到哪里去。她在一张作业纸上（写得最好的那张）用漂亮的字写道：“莱亚[1]，加油！很棒！”我无话可说，这句评语让我感到很不舒服。我刚刚花了好几个月时间，让这个小女孩找回自我，对同学们友善。而现在，摆在我眼前的就是“作案凶器”。如果没有经历前几个月的煎熬和努力才让这个“乖学生”重获自我、找回同感心的能力，我绝对感受不到这句红色的评语具有何等的威力！

为了让孩子培养社会依赖感，并从中受益，首先要改掉孩子的依赖性，让他们找回自我。做到了这一点，接下来只需要全力支持孩子的自我表现，帮助他们丰富认知，加强社交活动，培养道德感就足够了。

1 她把名字都改了。

支持孩子表达社交意愿

作为社会动物，我们本能寻求依赖感。来到这个世界，自出生起，我们就有与他人产生共鸣的能力，可以守规矩，与身边人和谐共处。而且，从几个月大起，我们就已显露出感同身受的理解力和敏锐的道德感。这真是一个好消息。同理心、道德心和无私，不是培养出来的，人类天生就具备。我们所要做的，是帮助这些思想和社会能力的发展，首先是认识这些能力，积极支持，给予表达和发展的空间。

内在的同情能力

不论我们交谈的对象处于幸福、快乐、热情、生气、犹豫或焦虑的哪种状态之中，我们都能感受到他的情绪。研究也显示，说话人会刺激听者大脑的相同活动区。当人遭受苦难或遇到伤心事时，大脑痛苦区受到刺激，而看到伤心难过的人时，我们大脑的同一个区也将受到刺激，所以，看着别人难过是一件令人难过的事。

他人的情绪，不论是好是坏，都会进入我们的大脑。我们的脑中有别人的存在。这种同情互动自出生就存在。曾有一项实验表明，刚出生一天的婴儿听到其他婴儿的哭声，会受到感染也哭起来。[1]

共情本能促使人做出无私举动，下意识地去安慰痛苦的人，仅仅是为了缓解对方的痛苦，不寻求任何利益，只是想让对方开心起来。

无私的本能动力

一开始，帮助他人的举动往往不到位。不到一岁半的孩子，看到其他小朋友难过，会把自己喜欢的玩具或者布娃娃递给他，根本不会考虑对方喜不喜欢，而且也很难明白对方的需求可能会和自己不一样。研究者阿利松·格普尼克曾讲述过，有一次，她在实验室里折腾了一天回到家，瘫在客厅沙发上，开始哭泣。刚满两岁的儿子看到这一幕，想要帮助

1 Martin, G. B. & Clark, R. D. (1987), «Distress Crying in Neonates : Species and Peer Specificity», *Developmental Psychology*, 18, pp. 3-9.

妈妈，于是跑进浴室，拿来了一盒创可贴，在妈妈身上贴了好几块。[1]

无私的动力一直存在，即使最初不一定帮得到点子上。研究表明，如果不时提醒孩子关注他人的需求和意愿，帮助孩子明白，那么孩子就能够慢慢学会更有针对性的无私举动，更好地帮助他人。[2] 研究者认为，培养无私善心、体谅他人的最好方式莫过于言传身教，孩子从小和抚养人之间互助互爱。[3]

费利克斯·沃内肯（Félix Warneken）和米夏埃尔·托马塞洛（Michael Tomasello）做过一系列非常有意思的实验[4]，证明了儿童的无私本能。当孩子学会自己走路之后，他就会自然而然地帮助人。研究人员把十四个月大的幼儿单独带到一间房里，和一个陌生人在一起。陌生人自己在一旁做事，不理会孩子。他写字，晾衣服，或整理书架。他把铅笔或夹子掉在

---

1 Gopnik, A., Meltzoff, A. & Kuhl, P., *Comment pensent les bébés ?*, p. 64.

2 Zahn-Waxler, C., Radke-Yarrow, M., Wagner, E. & Chapman, M. (1992), «Development of Concern for Others», *Developmental Psychology*, 28, pp. 126-136; Svetlova, M., Nichols, S. R. & Brownell, C. A. (2010), «Toddlers' Prosocial Behavior: From Instrumental to Empathic to Altruistic Helping», *Child Development*, 81, (6), pp. 1814-1827; Hoffman, M. (janvier 2008), «Empathie et développement moral. Les émotions morales et la justice», Presses universitaires de Grenoble, coll. «Vies sociales», p. 100.

3 Warneken, F., Tomasello, M. (2009), «The Roots of Human Altruism», *Bristish Journal of Psychology*, 100, pp. 455-471.

4 *Ibid.*; Warneken, F. & Tomasello, M. (2006), «Altruistic Helping in Human Infants and Young Chimpanzees», *Science*, 311, pp. 1301-1303; Warneken, F. (2013), «Young Children Proactively Remedy Unnoticed Accidents», *Cognition*, 126, (1), pp. 101-108.

地上，没有去捡，这时候，刚刚才会走路的幼儿，没人要求他，却会自己主动走过去捡。[1]同样，如果陌生人打不开书柜时，孩子也会走过来帮忙。孩子这些显而易见的表现，令研究人员非常意外，他们设计了更为复杂的实验，测试幼儿的无私意愿。实验的形式仍然不变，只是这一次，研究员在孩子和大人之间的地面上放了一些大块障碍物。刚刚学会走路的孩子，想要帮大人解决困难，自己首先要付出很大努力。障碍物会打消孩子的无私意愿吗？结果是不会。研究员很震惊：孩子会越过重重障碍，执着地前去帮助大人！研究者们于是决定再次加大难度，探究孩子无私热情的程度：他们在孩子四周放置了大量有趣的玩具，比如色彩缤纷的海洋球池。帮助他人的热情，能否抵抗得住玩耍的欲望？结果孩子依然做到了。看到大人遇到困难，他丢下玩具，费劲地爬过地上的障碍物，前去帮大人捡起掉落的东西，然后再回去继续玩。

实验结果是惊人的，孩子的举动完全没有得到任何人的指令，每一次都是完全自发的行为。一位生物基因研究者曾在一本集合该课题的各项国际研究的著作中证实，无私意

1 可于哈佛大学发展研究实验室网站查看该实验的部分视频。

愿与生俱来，人人皆有，在这个年龄段的孩子身上都能观察到，而且不分文化不分国籍。[1]无私不是学来的，而是发自内心的意愿。其实，我们内心都知道这一点，得到研究证实，更是令人欣喜。所以，我们能做的，就是支持和鼓励这种自发表达的、本已存在的内心意愿。

其实我们无须用力过猛，孩子可以从无私举动中感受到浓浓的快乐和满足感！他们会主动试图相互帮助，感受快乐。的确，我们说过，社交行为能够促使大脑分泌多巴胺，作用于对应的神经回路，获得愉悦感、舒适感和激情。[2]一项实验指出了回报的力量：不到两岁的孩子，当人们给他糖果吃时，相比把糖果留给自己，把糖果分给其他孩子会令他更加开心。[3]

---

1 Ricard M. (2013), *Plaidoyer pour l'altruisme*, Pocket, p. 270.

2 Harbaugh, W., Mayr, U. & Burghart, D., «Neural Responses to Taxation and Voluntary Giving Reveal Motives for Charitable Donations», pp. 1622-1625; Moll, J., Krueger, F., Zahn, R., Pardini, M., de Oliveira-Souza, R. & Grafman, J., «Human Fronto-Mesolimbic Networks Guide Decisions about Charitable Donation», pp. 15623-15628; Lecomte, J., *La Bonté humaine, op. cit.;* Thoits, P. A. & Hewitt, L. N., «Volunteer Work and Well-Being», pp. 115-131; Aknin, L. B., Dunn, E. W. & Norton, M. I., «Happiness Runs in a Circular Motion : Evidence for a Positive Feedback Loop Between a Prosocial Spending Happiness».

3 Aknin, L. B., Hamlin, J. K. & Dunn, E. W. (2012), «Giving Leads to Happiness in Young Children», *PLoS ONE*, 7, (6), e39211.

被扼制的社交意愿

当代社会让人们越来越孤立，越来越远离社会动物的本性，使人变得个人主义、偏颇不公、争强好胜、越来越病态。面临灾难时——恐怖袭击、自然灾害、意外——内心深处的本性迸发力量，令我们惊讶于人类精神竟然可以如此伟大。例如一旦找到庇护，身处灾难中的人，只要身体和精神允许，他们的第一反应就是伸出援手，救助同胞。全球唯一的灾害研究中心[1]历经三十年，研究灾害出现时的人类行为。结论很明确：研究者观察了大量的无私冲动，发现自私行为和攻击是社会中极为少数的现象，和媒体企图告诉我们的完全不一样。有些人甚至不惜冒着生命危险帮助陌生人，有些人倾其所有、助人为乐，不论是金钱、汽车还是房子。观察无私表现让人愉悦，看看网上那些展示意想不到的无私行为的视频点击率有多高就知道了。助人于患难中，会让助人者产生一种奇特的感觉……轻松、崇高感、不期而遇的自我提升。我们试点班就是这样践行的。我们相互帮助，献出热心热情，整个班级团结友爱。

本能的社交意愿，在童年时代可能就被破坏。幼儿大脑

---

1 Le Disaster Research Center, de l'university of Delaware; Gilman, S. & de Lestrade, T., *Vers un monde altruiste ?*, documentaire cité.

发育未完全，暴力——尤其是频繁的暴力刺激，挨打、挨骂、恶评、羞辱，例如“闭嘴”这种话，会对大脑造成创伤，在脑回留下印记，形成无意识反应，影响孩子未来的行为举止。一项相关研究[1]指出，个人热心减弱，一方面是由于儿童时代遭受别人对待的经历，另一方面是目睹身边人的行为方式受到影响。我们生性本善，且具有强大的学习本能，快速模仿他人的行为举止——可能是好榜样，也或许是坏榜样。

不久前，我在巴黎地铁里就看到一幕。一位女士和一个三岁左右的孩子进了车厢，孩子冲在前面，抢了最后一个空座位坐下。女士冷静地要求孩子起身。孩子看起来累了，他往一边挪了挪，想腾出位子给妈妈。妈妈生气了，一把把孩子抓起来，当着众人的面大声说：“你就这样一直站到下车，叫你不听话！我舒舒服服地坐着，你就一直站着。”“妈妈，我可以坐在你身上吗？”孩子啜泣着，想爬上妈妈膝盖。她把孩子推了下去：“你就给我站着。我才不管你舒服不舒服。”

孩子流泪站着，强忍着不让眼泪掉下来。侵蚀孩子的，不是伤心，而是气愤。气自己被当众羞辱、不公平对待，气

---

1 Gueguen, C., *Pour une enfance heureuse.*

自己要忍气吞声，堪比挨了一顿揍。羞辱会在大脑中留下印记。研究表明，羞辱、贬低、缺乏疼爱、暴力会严重损害儿童当下和未来的共情能力。这位女士其实是想让孩子学会听话，不要和家长讨价还价。然而，适得其反，她教会孩子的是有权就能侮辱人，即使是自己爱的人，即使对方身体不舒服。

道德本能

孩子自发帮助有困难的人，包括陌生人。不过研究也指出，面对道德考验，无私也是有所选择的，三岁以上的孩子倾向于帮助和蔼的人，而不是凶恶的人。[1] 人类天生具有道德和审美本能吗？答案似乎是肯定的。

新近研究指出，人类天生具有判别好坏善恶的能力，本能倾向于好与善。耶鲁大学心理学家保罗·布卢姆[2]，和很多位从事相关课题研究的认知心理学家都证明了这一点。一系列研究揭示了六个月大的婴儿具有分辨好坏的能力，并倾向于选择好。

---

1 Vaish, A., Carpenter, M. & Tomasello, M. (2010), «Young Children Selectively Avoid Helping People with Harmful Intentions», *Child Development*, 81, (6), pp. 1661-1669.

2 Bloom, P. (2013), *Just Babies : The Origins of Good and Evil.*,Broadway Books; 同时可参考 Sylvie Gilman 和 Thierry de Lestrade 曾引用过的 *Vers un monde altruiste?* 上的采访。

受试的婴儿，被邀请到一个房间里看木偶剧，剧情是这样的：一个红衣小人努力爬上一个纸板做的山丘，但是一直爬不上去，这时候，来了一个蓝衣小人，帮他爬上了山丘。随后，故事再次重演，但是剧情完全不同：红衣小人还是爬不上山丘，这次一个橙衣小人站在山顶上，不让它爬上山，甚至把它推下山。然后，实验者把两个道具拿给孩子，一个蓝色，一个橙色，不做任何评判，只是让他选择一个。结果几乎100%的六个月大的孩子都选择了那个善良的、帮助他人爬上山丘的角色。[1]当然，为了避免孩子仅仅是选择喜欢的颜色，实验者给角色更换不同颜色。结果，不论是什么颜色，孩子们选择的依然是那个“好人”。

实验者又换了一个故事，这一次是毛绒玩具在玩扔球，受试者是年纪更小的三个月以下婴儿。[2]结果几乎90%的婴儿选择了那个一起玩并把球让给玩伴的玩偶，没有选那个把球留下来自己玩的玩偶。从三个月大之后，孩子未经任何教育，就已具有初步的道德感，孩子不仅仅更喜欢积极、合作的人，而且明显表现出与自私、负能量的人保持距离的态

---

1 Hamlin, J. K., Wynn, K. & Bloom, P. (2007), «Social Evaluation by Preverbal Infants», *Nature*, 450, (7169), pp. 557-559.

2 Hamlin, J. K. & Wynn, K. (2011), «Young Infants Prefer Prosocial to Antisocial Others», *Cognitive Development*, 26, (1), pp. 30-39; Wynn, K. (2014), «The Discriminating Infant : Early Social Judgments and the Roots of Good and Evil», 密苏里州大学心理学系讲座（可在线查看讲座视频）。

度。而且，也有实验测试，如果是一个中性的人，也就是不做好事也不做坏事的人，和一个做坏事的“坏人”，婴儿依然选择中性的人。婴儿会自发地选择“善”，这种行为令人惊讶不已。

在莱比锡大学马克斯·普朗克学院进行这一实验的科学家，都惊讶于幼儿这种强大的道德感。他们希望能够考验这种道德感。于是在一岁孩子身上再次测试，这次在故事结束后让孩子选择人偶时，好人给孩子一颗糖，而坏人会给孩子两颗糖。美食诱惑会改变孩子的选择吗？出乎意料的是，幼儿们宁可少拿一颗糖，依然选择了“好人”！

唯一会让孩子选择坏人的是相似性，也就是说孩子选择坏人，是因为他觉得那个玩偶身上有和他相似的地方。提问之前，实验者问孩子，他喜欢圆圆的麦圈，还是扁扁的麦片，然后他拿出剧中的两个毛绒玩具，并告诉孩子那个做坏事的玩偶喜欢和他一样口味的，于是，80%的孩子会选择“坏玩偶”。对幼儿来说，共同点凌驾于道德感和负面评判之上。正因为如此，当班上有孩子吵架不和的时候，我们不是把他们分开，而是帮助他们一起回忆所有的共同经历。这一招往往立马见效，被冒犯的孩子懂得如何表达情绪，他会对同学讲述自己当下的心情，说起两人所有的点点滴滴，然后又开开心心地一起玩起来。吵架不过是一段小插曲而已。这让我觉得很神奇。有时候重归于好来得太快，脸上还挂着刚流的泪水，就又笑着一起玩起来。如果我们注意强调团结一致的共同点，孩子心中的埋怨就不可能持久。

我们花很多时间和精力，给孩子反复灌输什么是好，什么是坏。然而实验表明，孩子生来就有辨识善恶的能力，我们再一次看到，教育并非是给孩子灌输从无到有的知识，而是认识到孩子与生俱来的能力，支持这些能力的发展，为孩子提供条件，让孩子找到学习的榜样。一项研究表明，幼儿园阶段的孩子知道打人是“坏事”，而且不会改变这种观念，除非大人的行为让他们相信打人可以接受。[1] 他们自己可以判断一个行为公正与否。他们心中自有一杆秤。这种道德感一直延续到成年，当看到不公正或不道德行为时，大脑被刺激的区域，和处理恶心味道信息的区域在同一个脑区。[2]

---

1 Helwig, C. C. & Turiel, E. (2002), «Children's Social and Moral Reasoning», in *The Wiley-Blackwell Handbook of Childhood Social Development*, pp. 567-583.

2 Tabibnia, G., Satpute, A. B. & Lieberman, M. D., «The Sunny Side of Fairness…», pp. 339-347; Tabibnia, G. & Lieberman, M. D. (2007), «Fairness and Cooperation are Rewarding…», pp. 90-101; Sanfey, A. G., Rilling, J. K., Aronson, J. A., Nystrom, L. E. & Cohen, J. -D. (2003), «The Neural Basis of Economic Decision-Making in the Ultimatum Game», *Science*, 300, pp. 1755-1758.

所以，人类的本性不是在不公平、不理解、个人主义或长生不老的环境下孤立地生活。我们必须意识到，我们的重要责任之一，就是承认孩子有爱、有公正心的天性，支持和引导他们天性的发展。

奖励法是否可行？

那么，如何支持、促进这些萌发的社会道德心的发展？当孩子表现出慷慨无私的行为时，是否需要奖励他们以兹鼓励？

科学家沃内肯和托马塞洛希望观察奖励孩子无私动力的效果，于是进行了一个新实验[1]，受试者是二十个月大的幼儿。这一次，实验者给做好事的孩子随机派发一个玩具，有些孩子拿到了玩具，有些孩子则没有。结果非常值得大家关注：出乎所有人的预料，没有拿到玩具的孩子继续帮助他人，拿到玩具的孩子的帮助行为反而减少很多。有形回报反而削弱了孩子内心的无形回报。这是一种外界刺激的快感，而非发自内心的快乐。显然，外界的快乐远远比不上内在的生理反应所带来的快乐，没有给予孩子继续的动力。在这次

1 Warneken, E. & Tomasello, M. (2008), «Extrinsic Rewards Undermine Altruistic Tendencies in 20-Month-Olds», *Developmental Psychology*, 44, (6), pp. 1785-1788.

实验中，内心回报机制没有被遏制的孩子，依然充满快乐地自发帮助有困难的人。

遗憾的是，我们的教育方法往往与孩子的内心回报机制大相径庭。孩子跟从内心的好奇心，自发地学习，他得到的回报是大脑多巴胺分泌，带来满足感、快乐、激动、提升记忆力，鼓励他继续探索，理解世界的一切。无须格外的奖励，孩子自身的回报机制就足以激励他，让他随时准备战胜难题，满足一切好奇心。内心动力令他们自己设定的目标，可能是我们都不敢提出的要求。孩子进入幼儿园，他发现大部分时间内心回报机制被打破，他必须被动地遵守课堂指令的节奏，接受分数和评语这样的外部奖励。快乐和内心指引的机制被破坏之后，孩子不仅不再做令他干劲十足的事，而且即使他会为大人要求做的事找到内心动力，这种动力仍然会因外部激励而削减。

在这种情况下，即使孩子会努力按大人指令做事，但是不再有学习的兴致，学习变得很费劲，动不动就分心走神。

所以，热纳维耶试点班上，我们特别注意保护孩子内心的火花。首先，他们不用遵守既定的课程表，可以第一时间听从自己的兴趣爱好；其次，他们也没有外界的物质奖励（不论是贺卡、糖果或是高分），也没有口头奖励（表扬）。我真心相信，这种教育法让孩子得以感知内心的愉悦，学习更加高效（也记得更牢）。孩子来学校是为了自己，为了学习，不是被逼的。他们喜欢来上学，而且是让人意想不到的欢欣雀跃。我们在家长视频中可以看到的一条重要反馈，就是当遇到不上学的时候——假日、寒暑假或周三不上课——孩子会失望，闷闷不乐。一位妈妈说：寒假时，她女儿每天都迫不及待地倒数着回学校的日子。还有一位妈妈也说：有一次周四法定假日，他儿子哭着要去学校，她只好带着儿子到校门口，看到紧闭的大门后儿子才不闹了。一位妈妈说："这个班带给我的烦恼，就是当她生病时，她还是要去学校，非要冲她发火才能让她乖乖在床上休息。"很多家长都碰到过这种情况，令他们很惊讶。孩子哭着要来学校，肯定不是为了见我和安娜，而是想要待在教室里，和同学们一起做活动。

认识社交本能，支持社交能力的积极发展

那么，如果不给奖励，又该如何支持社交本能和内在道德感的发展？大量研究告诉我们，要想有效地鼓励孩子的无私行为，必须做到以下几点。

承认内在本能道德感的存在，相信孩子天生善良、无

私。只有这样，孩子才能发自内心地做出更多的慷慨和善的举动。[1]

有爱、亲切、善解人意地对待孩子[2]，对待他人[3]，潜移默化地给予他积极影响。研究指出，孩子身边大人和父母慷慨待人的表现直接会影响孩子，身边榜样做得越好，孩子也做得越好。[4]

为孩子提供良好环境，让他得以时不时做善事。孩子感到有责任帮助他人（比如在混龄班级里做小老师），是培养无私品格的要素之一。[5]

热纳维耶试点班的三年里，这三个维度是孩子们日常生

---

1 Warneken, F. & Tomasello, M., «The Roots of Human Altruism», pp. 455-471; Swinyard, W. & Ray, M. L. (1979), «Effects of Praise and Small Requests on Receptivity to Direct-Mail Appeals», *Journal of Social Psychology*, 108, pp. 177-184; Kraut, R. E. (1973), «Effects of Social Labeling on Giving to Charity», *Journal of Experimental Social Psychology*, 9, pp. 551-562; Strenta, A. & Dejong, W. (1981), «The Effect of a Prosocial Label on Helping Behavior», *Social Psychology Quarterly*, 44,(2), pp. 142-147; Grusec, J. E. & Redler, E. (1980), «Attribution,Reinforcement, and Altruism : A Developmental Analysis», *Developmental Psychology*, 16, (5), pp. 525-534.

2 Janssens, J. M. A. M. & Dekovic, M. (1997), «Child Rearing, Prosocial Moral Reasoning, and Prosoial Behaviour», *International Journal of Behavioral Development*, 20, (3), pp. 509-527.

3 Lee, L., Piliavin, J. A. & Call, V. R. A. (1999), «Giving Time, Money, and Blood: Similarities and Differences», *Social Psychology Quarterly*, 62, (3), pp. 276-290.

4 Lipscomb, T. J., Larrieu, J. A., McAllister, H. A. & Bregman, N. J.(1982), «Modeling and Chidlren's Generosity : A Developmental Perspective», *Merrill-Palmer Quarterly*, 28, pp. 275-282; Presbie, R. J. & Coiteux, P. F. (1971), «Learning to Be Generous or Stingy: Imitation of Charing Behaviour as a Function of Model Generosity and Vicarious Reinforcement», *Child Development*, 42, (4), pp. 1033-1038; Bekkers, R. (2007), «Intergenerational Transmission of Volunteering», *Acta Sociologica*, 50, (2), pp. 99-114; Wilhelm, M. O., Brown, E., Rooney, P. M. & Steinberg, R. (2008), «The Intergenerational Transmission of Generosity», *Journal of Public Economics*, 92, pp. 2146-2156.

5 Whiting, B. B. & Whiting, J. W. M. (1975), *Children of Six culture. A Psycocultural Analysis*, Harvard University Press; Staub, E. (2003), *The Psychology of Good and Evil. Why Children, Adults and Groups Help and Harm Others*, Cambridge University Press, chap. 11.

活的一部分。入学几个月之后，孩子助人为乐的精神得到快速发展，连父母们都惊讶地感受到显著的进步。

而且，研究也指出，如果父母坚持合理、明确的规矩，尊重孩子的独立人格，也请孩子尊重父母的独立人格，那么孩子更有可能养成良好的道德意识。[1] 我们努力为班上的孩子创造这种友善相待的环境，告诉他们遵守必要的规矩。从孩子们身上绽放出的道德感来看，我们的努力有所成效。

班上的孩子将来会是怎样的人？

我经常问自己这个问题。我相信，这个问题的背后，更多的是一种担忧，担心孩子回归传统教育体制后“过得不好”，尤其是幼升小之后。他们能适应按部就班的指定活动吗？能适应一切听从安排吗？他们的社交积极性会被破坏吗？仍会一如既往地团结同学，助人为乐吗？会有好的学习成绩吗？

和家长及孩子交流之后，我得知，孩子们就像是重新经

---

1 Kochanska, G. (2002), «Mutually Responsive Orientation Between Mothers and Their Young Children: A Context for the Early Development of Conscience», *Current Directions in Psychological Science*, 11, (6), pp. 191-195; Kochanska, G. & Murray, K. T. (2000), «Mothers-Child Mutually Responsive Orientation and Conscience Development : From Toddler to Early School Age», *Child Development*, 71, (2), pp. 417-431; Kochanska, G., Aksan, N., Knaack, A. & Rhines, H. M. (2004), «Maternal Parenting and Children's Conscience : Early Security as Moderator», *Child Development*, 75, (4), pp. 1229-1242.

历了一场三岁时首次踏入幼儿园的挑战，一开始的确很不适应，但是慢慢地，孩子多多少少适应了新环境。和法国所有的入学孩子一样，有些孩子很快接受了不可避免的新模式，有些孩子则适应性差一些。

班上所有孩子最终都转入了传统班级，对他们来说，他们更喜欢自由、独立的环境，也更怀念试点班一对一的个性化教学。一个升入小学一年级的女孩，在开学几周后就对父母说："以前上学更有意思，不是整天坐在写字桌前，我们一边玩一边学。现在，我听不懂时我也不想问老师，因为她会觉得我没有认真听讲！"

很多时候，大人因为"没有正确看待"孩子的错误而不理解孩子，这会让孩子失去动力。比如有一个小男孩就是如此，他妈妈说道："我儿子四岁在幼儿园中班就会自己读书，我很开心，很自豪。可是现在进了小学一年级，他怕犯错，念的时候怕老师说他没读对……他会的，在家里就可以自己读，但是到了学校就不读，怕犯错。"

除了入学过渡期的这些困难，大部分孩子成为班上的佼佼者，家长骄傲地给我寄来课程反馈本复印件，里面特地指出孩子在幼儿园培养的社交能力继续得到发扬，他们很喜欢帮助同学。

以下是几位家长寄来的反馈:

肯扎非常适应小学生活。经常帮助有困难的同学。下学期，她可以兼读一年级和二年级，这样下午她就可以帮助一年级同学。她成绩很棒，学习很积极，一直很独立，热情洋溢，开心快乐。根本不用担心，她很喜欢去学校！晚上在家，不像哥哥姐姐，我们根本不用盯着她做作业，她总能做得很好。

幼儿班这两年，对苏莱曼的学习帮助特别大，让他对自己充满自信。现在，他是一个爱学习的孩子，相信自己可以做到，敢于尝试。他总是充满动力，不断挑战潜力，学习很好，成绩很棒。

对我女儿来说，一切都很顺利，没有什么需要特别注意。她成绩很好，和以前一样，还是那么开心快乐，生气勃勃，独立，积极，喜欢帮助同学。

我儿子很好，他喜欢去学校，喜欢和同学玩，作业也特别棒。我为他感到骄傲。您愿意看看他的作业本吗?

进入小学后，卡米利娅考试成绩很好，老师的评语也很棒，除了她的团结精神一开始不被理解，老师评语说“她帮助同学太积极”，不过到了学期末，大家都接受了卡米利娅的这种友善大方的作风。

一部分孩子不适应，主要是社交关系方面，热心助人的激情得不到释放，但还是要学会收敛，以免打乱了课程秩序。

某些父母也反映了另外一点，就是孩子觉得“没意思，不是自己想要的”。

> 小学一年级对所有孩子来说都是一个大转变。我曾经很担心女儿不适应。我感觉到她对老师的要求总是难以有共鸣，比如她觉得“我做的一点儿意思都没有”。如今行动一致、按部就班的节奏，让她之前习惯的个性发展、自由表达变成了非主流。

千篇一律的教育，使一些孩子极不适应。我特别想到的是那些学习上或语言有困难的孩子。课堂上，孩子没有了彻底个性化的教学，也不能再给小同学做小老师，他们失去了自信，感觉自己“不合群，不一样”。而在以前，所有孩子按照自己的节奏和进度，开心地巩固知识，自己做或者有同学的帮忙，那时候，他们觉得所有人都是独一无二的。那时的标准，是个性，而不是共性。

为了学会共同生活而共同生活

热讷维耶试点班的孩子每天一起生活，相互帮助，彼此深入了解，很自然地接受每一个同学的独特之处。他们不相互攀比，不相互评价，而是彼此包容，彼此保护。我们如何创造出这种和谐的集体？很简单，当和谐出现时不要阻止就可以。无须靠说教让孩子学习共同生活，我们让孩子共同生活，这样做就行了。每天，孩子自由组织集体生活，共同相处，了解彼此。通过这种方式，孩子体验各种关系，感受不同情感，学习用最好的方式求同存异。基于独立的共同生活，有比自己大的同学，也有比自己小的同学，让孩子得以培养出色的社交和情感能力。

当然，这不是一朝一夕的事。一些三岁的孩子入班时，已从身边人身上学了一些行为方式，有些略显暴力，有同学不小心撞到他们，他们会很粗鲁地辱骂，有些孩子遇到冲突时动不动就想举手打人。遇到这种情况，我会马上介入，坚决制止。孩子必须知道，任何粗暴行为或侮辱语言，哪怕一点点都不允许。我们会马上教他用另外一种方式，温和的、尊重人的方式，来表达自己的情绪。

有时候，这不是一种情绪，而是习惯性动作。我记得有一个三岁的女孩，每次有同学靠近她，她就会说“你来真的吗？说你呢”“你烦死了”这样的话。我严肃地对她说：“我不允许你这样和同学说话，很侮辱人，让人不舒服。我想你也不愿意别人这样和你说话。你可以说‘我想一个人做’，这样说不是更好吗？”听到我这番话，她很惊讶，但是点了点头。最初几周，我们总是要一再提醒她改变表达方式。随着我们的不断努力和坚持，加上我们一贯的和善态度，孩子最终意识到自己行为不妥当，改变了行为举止，和同学们一起进步。

说实话，最初几个月特别煎熬。我之前曾说过，为了让孩子“回归自我”，重要的是“关注自我”。面对这些找不到内心方向、感到迷失的孩子，我们就是组织，我们就是参照标准。遇到任何处境，我们都必须坚定、坚持、直接、公正。我还是要说，这是一项艰难的思想改造，但我认为必不可少。我们营造了一个思想的生态系统，不改变自己的态度，就无法改变孩子的态度。

在班上，大人自身的模范榜样具有决定性作用。我们的言行举止，是孩子每天6小时耳濡目染的榜样。所以，我们负有重大责任，促进孩子大脑的正面发育。对那些想要帮助孩子养成良好的社交和情感能力的大人来说，他们首先需要学习如何和孩子进行有觉悟的、感同身受的沟通。大人的表达方式，有时不管愿意不愿意，都会在不知不觉中形成一种判断，阻断我们与他人的沟通，造成分离。我们所说的“非暴力沟通”，出现于20世纪70年代，教人们最温和的沟通方式，即使面临冲突，也要设身处地地理解对方。我觉得每个人都应该找机会了解这种沟通方式，这有助于促进合作，改善沟通，从而间接影响我们的孩子。我们和孩子的沟通方式，孩子眼中我们对待别人的方式，都在潜移默化地教孩子如何对待我们，对待他人。我推荐一本书给想了解更多相关信息的读者：马歇尔·罗森堡博士的《语言是窗户，也可以是一堵墙》[1]。博士在书中说到，非暴力沟通“并非一种发明创造，这种沟通方式的一切原则其实几个世纪以来就存在”，

1 Rosenberg, M. (2016), *Les Mots sont des fenêtres (ou bien ce sont des murs)*, La Découverte.

只不过再次让大家意识到这个被我们遗忘的和谐、用心、友善的沟通方式。

同样，如同我多次提及的一样，我们提供给孩子各种方法，当遇到不可避免的冲突时，他们会懂得如何处理。我们尽可能教孩子学会相互理解，建议使用积极的解决方法。

友爱的力量是基石，让孩子得以充分发展的一切环境都必须建立在这一基石之上。教具多寡不是重点，教室多美也不是核心。真正能改变孩子的，是孩子与孩子之间、孩子与大人之间的和谐关系，是友爱的力量。当然，丰富多样的教具和活动，有助于培养孩子的独立性和主观能动性。只是我想再次强调，有了所有活动之后，关键的点就是我们能够为孩子身心投入，爱，信任，用我们最可贵的品质感染孩子。这些崇高的情感支撑着、推动着孩子的心智发展，任何事物都无法替代。童年时代得到这样的精神滋养，长大成人之后，我们所说的博爱、无私、怜悯心，就无须再费力去做，因为它们已成为一种心灵品质。

结语

让我们释放出
最美最灿烂的天性

关于人类发展的科学研究成果振奋人心。我衷心感谢该领域的每一位科学家。他们的研究再次提醒我们（其实我们内心早已知晓，不是吗？），孩子充满爱心，天性善良，他们热爱和寻找所有真善美的东西，看到丑恶的事物则会皱起眉头。看看孩子们，他们天生快乐，富有爱心，理解他人。他们无私、慷慨，他们是这个世界的救世主，最贫困的人的捍卫者。这些我们都知道，只是我们忘记了。

我们之所以忘记，是因为这些不可思议的、卓越的孩子，进入了一个将可塑性心智塑造成个人主义、争强好胜的环境。我们或许可以再次唤起孩子内心的可贵品质，可是必须付出艰辛的努力。为什么我们不明白，其实我们阻碍并破坏了孩子从幼年起就有的亲社会行为，而且直到成人，仍然一再被遏制？为什么我们看不到，我们是在自食其果吗？如果不遵循在依赖感中充分发展的规则，我们的生活就像挂错挡位在开车，同感心降挡，认知降挡，新陈代谢降挡，创造力降挡……我们不了解自己真正的潜力。

合作精神、慷慨、无私、热情，不应只是可有可无的品质，或是带有目的性、功利性的能力。这些品质是拥抱生命、绽放活力的环境基础。积极的依赖感必不可少，是个体发展、集体进步的核心。任何教师、任何教材、任何教育机构、任何教具，全都比不上依赖感带来的激情和自发动力。依赖感能够创造奇迹，释放孩子的天性和创造力，让孩子敞开心扉，升华思想。

不要再处心积虑地发明一千零一种教具，探寻一千零一种教学法，方法其实很简单，需要重新审视的是我们的立场。满足孩子的要求，也就是说给孩子一个丰富的环境，给他自由探索的自由，让孩子们和我们共同生活在一个相互信任、有爱的氛围中。人类思想要求的就是这些。但是，孩子们往往被要求听话守规矩："别再和同学说话了。""别和他在一起，你想就这样笑一个小时吗？""不用帮他，让他自己搞定……"就算条件不佳，孩子们依然满怀热情，渴望与人交往，但是我们大人却联手用巨力遏制了孩子的社交热情，就像摘下小径石板路上开得旺盛的小花一样。我们与自然抗衡，耗尽精力，但在这场荒唐的自然挑战赛中，我们永远不可能是赢者。让孩子一起开心地笑，一起编故事，吵架斗嘴，而我们，深吸一口气，放下心，把精力留着欣赏绽放的生活吧。重要是明白我们的首要任务，不是“做什么”，不是发明新“方法”，而是不要侵扰孩子的生活，尊重孩子的天性和内心想法。我们的任务，就是真正了解孩子。只有了解了孩子，我们才不会再试图走捷径，明白欲速则不达。

而且，我真心相信孩子成长的自然法则，虽然我们糟糕地一再讨价还价，但其实这些法则指引着我们走向和平、快乐和和谐，获得心智成长，取得社会成就。经常有人高傲不屑地反驳我：“小姐，你太嫩，太天真……要是真的这么简单，我们早就知道了。”但人们的确不知道，而且我还要说，是时候挽起袖子，大干一场，解放孩子的天性，让他们如花朵般绽放，因为，当大家脱离自然法则的时候，我们将在错误的道路上渐行渐远。

别指望政府懂得这么做，别指望市长们支持繁荣课堂，允许孩子只要有需求就可以午睡，也别指望他们推进混龄教学。让我们自食其力。老师，保育员，校长，请你们听听我的心声。你们才是专家，你们才是在教育岗位上奋战多年的实践者。你们凭直觉就能知道什么才是我们应该为孩子们做的。这就是本书的宗旨：告诉你们，你们的直觉是对的，你们做得对，请你们不要停下已经开启的变革，让志同道合者越来越多，让我们继续前行，依循自己的脚步，一点点地做出我们觉得可行并且必要的改善。请你们与市政府或区政府一起，致力于重新创造丰富多彩、充满活力的学习环境，让所有人——包括老师和孩子都得以充分发展。

让老师、保育员、校长这些实践专家可以实践他们心目中的最佳教学，这才是重振教育的决定性因素。最经常的情况是，在得不到教育局任何支持的情况下，孩子们往往要承受各种愤怒，经历痛苦煎熬。孩子若是没得到友爱、热情、和善的支持，我们将失去最宝贵的财富，那就是孩子的活力和无限的激情。

我们总是谈论孩子，其实老师们早已筋疲力尽，他们再也受不了没完没了的各种制度改革，缺乏自由，缺乏真正的信任。教育者也需要信任，由衷的、身体力行的信任。放手，支持，帮助，鼓励。直到目前，除了这么做，我看不到其他可以重振校园的途径。老师才是解决问题的人。放手让老师去实践吧。无须顾虑，我们能有什么可失去呢？还是现实一点。孩子们吵吵闹闹的时候，是老师们陪着他们。承认这一点吧。老师们熟知学校的每一个角落，放手让他们去布置教室，美化校园。这种真诚的信任，将释放无限活力，令老师们精神抖擞，开启无数意想不到的世界。

希望读者们终能明白，为了使教育得到必不可少的发展，本书的宗旨在于揭示孩子学习和充分发展的重要法则，让大家看到核心在于，因为幼儿的智力具备难以置信的强大可塑性，心智的发展必须借助于与外界的接触，在一个井然有序的环境中，独立自主地体验各种令他们感兴趣的活动，和不同年龄的人一起，得到大家的支持和信任。一旦意识到这些法则，接下来的工作就是根据自身条件进行规划，既不同于家里，也不同于其他幼儿园——当然，也没有必要一定要满足所有元素。比如在热讷维耶试点班，鉴于校园环境的局限，我们无法为孩子提供一个丰富多彩、让人平静的大自然环境，我们只有教室，很多自主活动都无法尝试。不过，我们尝试着培养孩子的各种关键能力，为孩子提供至关重要的独立空间，富有挑战性、具有美感、规则清晰易懂的教学活动，让不同年龄的孩子之间得以频繁地积极互动，我们不妄自判断，平等对待，帮助支持，才能积极地促进孩子们全面发展、充分绽放。

所以，我们的经验也鼓励所有孩子根据自身的能力和资源，循序渐进地发展，没必要徒加无用的压力。请牢牢记住，重点不是第一时间给孩子一个完美的环境，而是踏踏实实地逐步改善，留给自己时间，不要造成任何伤害。重要的不是完美无缺的环境，而是孩子的积极、快乐、前进的动力和意愿。

而且，千万不要操之过急，毕竟孩子成长道路上要学的东西很多。为了实现目标，每一次体验，每一次犯错，都是必经之路，只有这样，他们才能学习和理解那些支持大脑运作的所有功能。我们和孩子一样，也在不断纠正自身的思维模式和信仰。慢慢来，走好每一步。无须奔跑，我们已经有一个良好的起点。深呼吸，然后继续走下一步。

很多幼儿园老师已经朝这一方向践行。他们不是孤军奋战。这几年来，小学老师、初中老师、高中老师，也在主动寻求为孩子提供更加符合他们自然本性、更适合自然法则的学习环境，尤其是独立性和混龄学习。

我希望这本书能推动那些尚在犹豫的老师加入我们的队伍，让孩子们在你们面前释放自我。他们充满创造性、快乐和爱，你们将会被他们的光环打动。当孩子开始绽放自我，不论是共同的孩童天性还是独特的个性，都犹如旭日东升般璀璨，而我们就是观众，终将被深深感动。这些自由精神的光芒也将改变你们。我从未曾意料到这些孩子给我带来的转变。我看到了最本真的人性及其散发的光芒、传播的爱和快乐。我尤其懂得了最根本的一件事，那就是所有这一切都不是教出来的。我们只是给孩子绽放自我的空间，发自内心欣赏他、尊重他，竭尽全力地引导他。

家长读者们，当你们读这本书的时候，你们会觉得自己的孩子非常棒，极具天赋，独一无二。没错，的确如此。每一个孩子都富有天赋、出色、独一无二。但是，如果学校不能放下身段，让孩子释放天性，那么将会问题重重。因为孩子无法等待，他们的潜能必须得到全面释放，散发光芒。或许我们应该这么对孩子说："你天生自带光环，热情，富有想象力、创造力，慷慨，有爱。我不需要创造什么，你早已拥有这些能力。几个月之后，你将在自然法则的驱动下，全身心地渴望发展这些出生时就已具备的潜能，你主动想要学走路，学说话，探索世界，帮助他人，交朋友，斗嘴，自己设定目标并完成它。所有这一切，你都想自己做。你是对的，因为只有亲身经历各种体验，才能把潜能转化为独特而坚实有力的心智能力。不过，在你的奋斗之路上，我会帮助你。我知道你的聪慧所在，了解你的需求，尊重你的天性，必要的时候会尽全力引导你。请相信我一定会这么做。我最渴望的事，就是你能够发挥所有潜能，充分发展，用你的心智和美好，照亮这个世界。”

热纳维耶的试点经验是一个起点，远不是终点。所有人只需截取最适合自己的部分，忽略不相干的内容。只要我们明白孩子充分发展的自然法则，就可以抱有信心，根据自身能力找到最佳实践方案。千万不要陷入教条主义，应随时根据实践、直觉判断和人类科学新发现，改进已有的知识体系。热纳维耶试点班的经验是一种启发，而不是既定模式。希望我们的经验，能激发大家的动力，相信自己，放手实践，成就自己的宝贵经验。

后记

我要深切感谢国家教育部各位帮助过我的人，感谢他们给予我的行政帮助和精神支持，他们是让－米歇尔·布朗凯（Jean-Michel Blanquer）、让－巴蒂斯特·德·弗罗芒（Jean-Baptiste de Froment）、克里斯托夫·凯尔罗（Christophe Kerrero）、埃里克·德巴尔比厄（Éric Debarbieux）、卡罗琳娜·韦尔特且夫（Caroline Veltcheff）、马克·皮埃尔·芒塞尔（Marc Pierre Mancel）、克里斯蒂安·福雷斯捷（Christian Forestier）、奥利弗·诺布勒古（Olivier Noblecourt）。

我还要真挚地感谢米里埃尔·布雄（Muriel Bouchon）、科琳娜·布贝（Corinne Boubet）、克里斯蒂安·波德万（Christine Podvin）、阿梅莉·普兰（Amélie Poulin）、桑德里娜·加利纳（Sandrine Gallienne）、克里斯蒂安·马雷夏尔（Christian Maréchal），感谢他们与我频繁地沟通，提出富有建设性的意见，让我得以启动试点班。感谢让－吕尔萨学校的团队，虽然行政文件迟迟未能获取，但他们仍尽其所能支持试点计划。感谢洛朗·克罗（Laurent Cros）、弗朗索瓦·塔代伊、洛朗·比戈尔涅（Laurent Bigorgne）、让－保罗·德勒瓦（Jean-Paul Delevoye）的支持。特别要感谢斯坦尼斯拉斯·德阿纳、曼努埃拉·皮亚扎、卡特琳·格冈、卡罗琳娜·比亚尔（Catherine Billard）、米歇尔·法约尔（Michel Fayol）、若勒普·鲁斯特、雅克·勒孔特和利利亚纳·施普伦格－沙罗勒等诸位科学家，感谢他们给我机会进行极富成效、鼓励人心的交流和学习。

我真心地感谢热纳维耶试点班的孩子家长，感谢他们的信任、友情、支持和热情。感谢出色的孩子们，感谢他们不知不觉中教予我的一切，感谢所有共同度过的时光、相互的尊重、深厚的情谊，更要感谢孩子们，尤其当各种行政审批繁文缛节令我无法总是陪伴在他们身边时，他们依然表现出色，无比耐心，让人宽慰地认真学习。

感谢阿雷纳出版社的编辑团队，让我有机会和大家分享经验。感谢洛朗·贝卡里亚（Laurent Beccaria）和卡罗琳娜·梅耶尔（Catherine Meyer）对本书撰写的关心。

感谢卡琳娜（Karine）、埃洛迪（Élodie）、奥德（Aude）、法比

安（Fabien）和乌萨玛（Oussama）的宝贵支持，感谢安娜·比什五年来一直在我身边默默支持，若没有她，这本书或将难以问世。

感谢斯蒂芬（Stephen）每天的支持，给予我宁静和安详，让我得以度过那些最为艰难的时刻。

感谢父母的慈爱，给予我源源不断的灵感，也感谢维尔日妮（Virginie）和埃米莉（Émilie）两姐妹，她们的陪伴让我内心充满快乐和自信。

感谢玛利亚·蒙台梭利博士留给我们的研究成果和精神财富，是她引领着我看到了教育的本质。

最后，感谢无数的老师们，感谢大家多年来为我们的孩子日日夜夜的付出！

附录

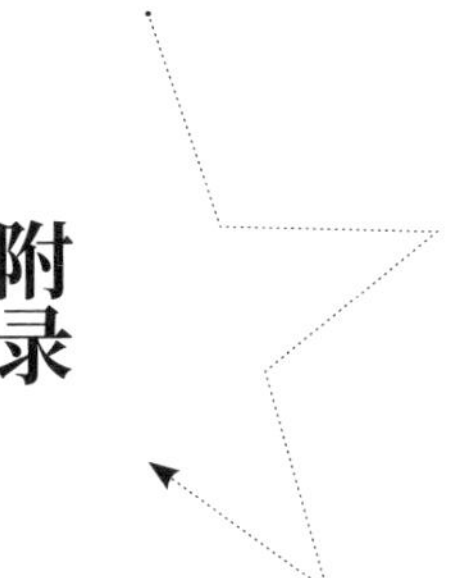

在塞利娜·阿尔瓦雷斯及其团队建设的网站www.celinealvarez.org上，读者可以进一步查询热纳维耶试点班的教学信息：

- 集体课
- 孩子情况跟踪
- 时间表
- 大人的态度立场
- 保育员的态度立场
- 教室环境的组织和布置
- 不同时段的教堂布置
- 独立性的不同阶段
- 试点班使用教具的完整清单
- 与家长的关系

……

同时也可于网站上查看视频资料：

- 家长反馈
- 第一年和第二年的图文总结
- 教学活动

亦可订阅塞利娜·阿尔瓦雷斯的YouTube频道，查看教学活动和讲座视频。